中国长江三峡集团有限公司
科技图书出版基金资助

企业科技资源科普化路径

陈昂 编著

中国三峡出版社

图书在版编目（C I P）数据

企业科技资源科普化路径 / 陈昂编著. -- 北京 :
中国三峡出版社, 2024.12
ISBN 978-7-5206-0317-1

Ⅰ. ①企… Ⅱ. ①陈… Ⅲ. ①企业－科学技术－科普
工作－研究－中国 Ⅳ. ①G316

中国国家版本馆CIP数据核字(2024)第046136号

责任编辑：于军琴

中国三峡出版社出版发行
（北京市通州区粮市街 2 号院　101199）
电话：（010）59401531　59401529
http://media. ctg. com. cn

北京世纪恒宇印刷有限公司印刷　新华书店经销
2024 年 12月第 1 版　2024 年 12 月第 1 次印刷
开本：787毫米×1092毫米　1/16　印张：12
字数：256千字
ISBN 978-7-5206-0317-1　定价：79.00 元

前 言

科学技术普及（简称科普）是国家和社会普及科学技术知识、弘扬科学精神、传播科学思想、倡导科学方法的一项重要基础工作。科技创新和科学普及是实现创新发展的两个方面，没有全民科学素质的普遍提高，就难以建立起高素质的创新大军，难以实现科技成果快速转化。《全民科学素质行动规划纲要（2021—2035年）》指出，在“十四五”时期，实施科技资源科普化工程等五项重点工程，建立完善科技资源科普化机制，实施科技资源科普化专项行动，为企业如何建立有效的科技资源科普化机制、利用科技资源开展科普工作、推动科普事业与科普产业发展提出了新的命题。2022 年 9 月 4 日，中共中央办公厅、国务院办公厅印发《关于新时代进一步加强科学技术普及工作的意见》，明确了企业科普社会责任，要求企业积极开展科普活动，加大科普投入，促进科普工作与科技研发、产品推广、创新创业、技能培训等有机结合，提高员工科学素质，把科普作为履行社会责任的重要内容；鼓励科技领军企业加大科普投入，促进科技研发、市场推广与科普有机结合。一系列政策、文件都表明，我国科普工作将会越来越重要，科普工作的推广也会有多种方式，且越来越与时俱进。

科学是不断发展的，还有很多问题是当今科学没有解决的，科普与时俱进存在很多实际困难。科技工作者了解最新的知识和最前沿的科学进展，但是科普不是科技工作者的主业，科技工作者需要具有良好的沟通能力，才能通过科普工作树立良好的社会形象。现行科技评估体制下的科技人员进行科普的动力不足、科普工作尚缺乏完善的标准、科普产业化还未形成规模等问题，都是长期面临的难题。企业作为科技创新的主体，迫切需要推动科技资源向科普资源转化，探索企业科技资源科普化路径，推动创新驱动发展战略下，用世界语言讲好中国故事、用科普语言讲好科研故事，实现科技创新和科学普及共同发展。

我国多数企业，尤其是在国民经济发展中发挥“顶梁柱”“压舱石”作用的中央企业，已经开展了丰富的科技创新和科普实践，但是大多未形成系统、成熟的科技资源科普化机制。科技创新活动创造的知识、技术、管理机制等成果，若没有普及和推广应用，则很难转化为强大的生产力，很难转变为物质力量和精神力量。我国具有世界上科普需求量最大的市场，也是发展最快的市场，信息网络普及加快了知识传播的速度和范围，这都为科技资源科普化工作创造了新的空间，带来了新的机遇，但也面临新的挑战。企业科技资源科普化工作不仅需要依靠广大科技工作者源源不断地提供原创作品，更重要的是面向市场需求，将企业科技创新资源转化为科普发展的动力，通过科技资源的普及促进科技成果的推广应用和转移转化。

本书共10章，梳理了国内外科技资源科普化发展现状，重点分析并总结了我国科技资源科普化的相关政策、标准、产业发展现状及存在的问题，结合中国科学技术协会及相关学会组织、中国科学院系统的科研院所，以及其他机构等三类主体利用科技资源开展科普工作的实践，系统研究以中国长江三峡集团有限公司（简称三峡集团）为典型案例的中央企业科技资源科普化实践、成效和发展方向，进而凝练企业利用科技资源开展科普工作而形成的经验做法和存在的共性问题，研究并提出可复制、可推广的企业科技资源科普化的机制和路径。

本书是一本全面阐述企业科技资源向科普资源转化路径的著作，从跨学科研究的角度切入，依托作者通过中国科学技术协会、中国水力发电工程学会、中国电机工程学会，以及中国能源研究会等平台开展的科技资源科普化实践进行总结，为激发能源企业科技创新效能、实现“科研+科普”协同发展提供参考。

由于作者水平有限，书中难免出现疏漏之处，望各位读者批评指正。

作者

2024年8月

目 录

前 言
第 1 章 概述 …… 1
1.1 科普的概念 …… 1
1.1.1 什么是科普 …… 1
1.1.2 科技资源 …… 1
1.1.3 科普资源 …… 3
1.1.4 科技资源科普化 …… 3
1.1.5 科普产业 …… 4
1.2 科普的研究背景 …… 5
1.2.1 “创新驱动发展”战略的重要部署 …… 5
1.2.2 全民科学素质提升的实现路径 …… 6
1.2.3 科技事业价值实现的内在需求 …… 6
1.2.4 企业科技创新发展的有力支撑 …… 6
1.2.5 企业科技资源科普化优势突出 …… 7
1.3 科普的研究进展 …… 7
1.4 科普的研究目的 …… 8
1.5 科普的研究内容 …… 8
1.5.1 国内外发展现状 …… 8
1.5.2 政策 …… 9
1.5.3 标准 …… 9
1.5.4 产业 …… 10
1.5.5 典型案例 …… 10
1.6 科普的研究方法 …… 10

第 2 章 国外发展现状 …… 12
2.1 国外发展历程 …… 12
2.1.1 起源：科学研究的公众支持为科普提供机遇 …… 12

2.1.2 分野：科学共同体收缩导致科研与科普分离 …… 12
2.1.3 融合：科技论文的科普转化促进科技资源科普化 …… 13
2.2 国外科普产业概况 …… 13
2.2.1 科普出版产业 …… 14
2.2.2 工业科普旅游产业 …… 14
2.2.3 科普教育产业 …… 14
2.2.4 科普影视产业 …… 14
2.3 典型国家概况 …… 15
2.3.1 美国 …… 15
2.3.2 英国 …… 18
2.3.3 日本 …… 20
2.3.4 俄罗斯 …… 21
2.3.5 以色列 …… 22
2.4 小结 …… 23
2.4.1 理念 …… 23
2.4.2 内容 …… 23
2.4.3 机制 …… 24
2.4.4 保障 …… 24

第 3 章 中国发展现状 …… 25
3.1 人力资源 …… 25
3.1.1 科技人力资源 …… 25
3.1.2 科普人力资源 …… 25
3.2 财力资源 …… 28
3.2.1 科技经费投入 …… 28
3.2.2 科普经费投入 …… 29
3.3 物力资源 …… 31
3.3.1 科技基础资源 …… 31
3.3.2 科技信息资源 …… 31
3.3.3 科普场馆设施 …… 32
3.3.4 科普活动 …… 33
3.3.5 科普媒体 …… 33
3.4 困境和挑战 …… 33
3.4.1 人力资源 …… 33

3.4.2 财力资源 …… 34
3.4.3 物力资源 …… 35
3.5 发展方向：科技经济融合 …… 36
3.5.1 做好顶层设计，形成制度供给 …… 37
3.5.2 完善动力机制，创造良好生态 …… 37
3.5.3 完善多元供给，保障科普经费 …… 37
3.5.4 搭建资源网络，推动产业融合 …… 38
3.6 小结 …… 38
3.6.1 科普创作：从单干到合作 …… 38
3.6.2 活动主体：从一元到多元 …… 39
3.6.3 科普对象：从少数到多数 …… 40
3.6.4 科普投入：从末端到前端 …… 40
3.6.5 科研基地：从现场到屏幕 …… 41
3.6.6 科研成果：从零星到常规 …… 41

第 4 章　政策 …… 43
4.1 国家层面 …… 43
4.1.1 总体情况 …… 43
4.1.2 法律文件 …… 43
4.1.3 政策性文件 …… 44
4.2 地方层面 …… 47
4.2.1 总体情况 …… 47
4.2.2 北京 …… 49
4.2.3 上海 …… 52
4.3 行业层面 …… 53
4.3.1 总体情况 …… 53
4.3.2 科学技术部 …… 53
4.3.3 财政部 …… 54
4.3.4 自然资源部 …… 54
4.3.5 生态环境部 …… 55
4.3.6 交通运输部 …… 55
4.3.7 水利部 …… 55
4.3.8 国家体育总局 …… 56
4.3.9 中国气象局 …… 56

4.3.10 中国科学院 …… 56
4.4 中央企业 …… 57
4.4.1 中国公众科学素质促进联合体 …… 57
4.4.2 中国企业公益科普联合倡议 …… 57
4.4.3 国务院国资委与中国科学技术协会全面战略合作协议 …… 58
4.5 实施成效 …… 58
4.5.1 公民科学素质快速提升 …… 58
4.5.2 国家科普能力稳步提高 …… 59
4.5.3 科普生态持续优化 …… 59
4.5.4 科普惠民实践深化拓展 …… 60
4.6 小结 …… 60

第5章 标准化 …… 62
5.1 背景 …… 62
5.2 发展现状 …… 62
5.3 国际标准 …… 64
5.4 国内标准 …… 66
5.4.1 标准体系 …… 66
5.4.2 国家标准 …… 69
5.4.3 行业标准 …… 69
5.4.4 地方标准 …… 70
5.4.5 团体标准 …… 72
5.4.6 企业标准 …… 72
5.5 以三峡集团为例的企业标准研制 …… 73
5.5.1 编制意义和目的 …… 73
5.5.2 编制依据 …… 74
5.5.3 编制原则 …… 74
5.5.4 标准选用原则 …… 75
5.5.5 编制需求 …… 75
5.5.6 标准体系架构 …… 77
5.5.7 标准体系表 …… 79
5.6 存在的问题 …… 90
5.6.1 标准体系建设仍需完善 …… 90
5.6.2 标准化工作机制仍需健全 …… 90

5.6.3　标准化人才队伍仍需壮大 …… 91
5.7　小结 …… 91
5.7.1　加快构建系统全面的科普标准体系 …… 91
5.7.2　加快构建科普多维标准化工作体系 …… 91
5.7.3　引导多元主体参与科普标准化工作 …… 91
5.7.4　加快央企科普标准体系研究和编制 …… 92

第6章　产业 …… 93
6.1　科普产业概况 …… 93
6.1.1　科普产业背景 …… 93
6.1.2　科普产业现状 …… 94
6.1.3　科普产业现状分析 …… 96
6.2　科普产业存在的问题 …… 97
6.2.1　产业规模普遍偏小 …… 98
6.2.2　市场化水平相对较低 …… 98
6.2.3　产业创新性不足 …… 98
6.2.4　缺乏合理的产业集群 …… 99
6.3　科普产业发展趋势 …… 99
6.3.1　科普产业市场需求日益增加 …… 99
6.3.2　科普产业政策体系日益完善 …… 100
6.3.3　科普产业创新实践不断扩展 …… 101
6.4　小结 …… 103
6.4.1　提供科普产业发展的制度保障 …… 103
6.4.2　调动以企业为主体的社会资本投入 …… 104
6.4.3　加强科普产品知识产权保护 …… 104
6.4.4　发挥科普产业集群效应 …… 104

第7章　典型案例 …… 106
7.1　中国科学技术协会科普中国品牌探索实践 …… 106
7.1.1　"互联网+科普"融合创作路径 …… 106
7.1.2　科研+科普融合发展路径 …… 107
7.1.3　合力塑造科普品牌影响力 …… 108
7.2　中国科学院科普探索实践 …… 109
7.2.1　"1+3+5"科技资源科普化体系 …… 109

7.2.2 主要经验 …… 110
7.3 典型能源学会科普探索实践 …… 110
7.3.1 中国电机工程学会 …… 110
7.3.2 中国水力发电工程学会 …… 111
7.3.3 中国能源研究会 …… 111
7.4 全国学会科普工作成效 …… 111
7.4.1 科普基础设施建设 …… 112
7.4.2 科普宣讲活动 …… 112
7.4.3 青少年科技教育 …… 112
7.4.4 科普传播 …… 112
7.5 小结 …… 113
7.5.1 科普中国助推高质量科普服务体系建设 …… 113
7.5.2 中国科学院科技资源科普化的推广经验 …… 113
7.5.3 各学会科普工作成效突出 …… 113

第8章 典型企业科普体系 …… 115
8.1 数据基础 …… 115
8.2 科普作品 …… 115
8.2.1 科普出版物 …… 115
8.2.2 科普演讲与报告 …… 116
8.2.3 科普图文和视频 …… 117
8.3 科普场馆与基地 …… 117
8.3.1 概述 …… 117
8.3.2 三峡工程博物馆 …… 118
8.3.3 三峡工程展览馆 …… 119
8.3.4 中华鲟研究所 …… 119
8.3.5 长江大保护项目示范教育基地 …… 120
8.3.6 国家储能技术产教融合创新平台 …… 120
8.4 科普活动 …… 121
8.4.1 增殖放流活动 …… 121
8.4.2 科普展览活动 …… 121
8.4.3 “三峡娃娃行”主题研学活动 …… 122
8.4.4 青少年科技素养提升计划 …… 123
8.4.5 青年科学家沙龙 …… 123

8.5 科普宣传 …… 124
8.5.1 自有科普宣传途径 …… 124
8.5.2 合作科普宣传途径 …… 124
8.6 科普队伍 …… 125
8.7 小结 …… 126
8.7.1 科技资源科普化初见成效 …… 126
8.7.2 科技资源科普化仍有不足 …… 126
8.7.3 科技资源科普化工作方向 …… 126

第9章 路径探索 …… 128
9.1 指导思想 …… 128
9.2 工作目标 …… 128
9.2.1 优化资源配置，营造科技创新生态 …… 128
9.2.2 增进公众理解，提升企业品牌价值 …… 129
9.2.3 促进科技和经济融合，推动供给侧结构性改革 …… 129
9.3 工作机制 …… 129
9.3.1 提升科普管理协同性 …… 129
9.3.2 推动科技资源科普化 …… 130
9.3.3 引导科技工作者从事科普工作 …… 130
9.3.4 丰富科普活动表现形式 …… 130
9.4 实施路径 …… 130
9.4.1 强化价值引领 …… 130
9.4.2 遵循科学规律 …… 131
9.4.3 创新方式方法 …… 131
9.4.4 注重传播效果 …… 131
9.5 企业经验 …… 131
9.5.1 鼓励科普的政策环境是外在驱动力 …… 131
9.5.2 自主创新是科技资源转化的基础支撑 …… 132
9.5.3 能力建设是提升科普质量的重要途径 …… 133
9.5.4 舆情管理是扩大科普影响的有利机遇 …… 133
9.5.5 脱贫攻坚的社会责任丰富科普形式 …… 133
9.5.6 促进公众认知是全社会的共同目标 …… 134

第10章 结论与展望 …… 135
10.1 结论 …… 135

10.1.1 借鉴学习国外科技资源科普化先进成果…… 135
10.1.2 科技资源科普化推动中国科技和经济深度融合 …… 135
10.1.3 多元化政策工具支撑科技资源科普化实施…… 136
10.1.4 加强标准化工作，促进科技资源科普化高质量发展 …… 136
10.1.5 加强新兴科普产业发展的市场保障措施…… 136
10.2 展望…… 137

附录 A 全国科技活动周经验总结…… 138
附录 B 三峡，不止一个大坝…… 141
附录 C 超级工程白鹤滩 科技创新助“双碳” …… 144
附录 D 2021 年全国科普日活动案例 …… 152
附录 E 2022 年全国科普日活动总结 …… 154
附录 F 科普：行动与进展…… 159
参考文献…… 161

第1章 概　述

1.1 科普的概念

1.1.1 什么是科普

科普（Science Popularization）是“科学技术普及”的简称，是指利用各种媒介以简单、通俗易懂的方式，让公众接受自然科学和社会科学知识，推广科学技术应用，倡导科学方法，传播科学思想，弘扬科学精神的活动[1]。科普是一种广泛的社会现象，涵盖科学领域的各个方面。科普不仅要普及科学知识，也要普及应用技术。科学与人类社会的相互作用形成了科普，而科技进步和社会发展又推动了科普发展，为科普不断提供新的生长点[2,3]。

科普不仅是普及科学技术知识与方法，更重要的是营造科学氛围，传播科学文化，实现科学技术与经济社会的深度融合。科普范围广泛，内涵丰富，由此具有重要的意义和影响，但难以形成统一的定义。2002年，全国人民代表大会颁布的《中华人民共和国科学技术普及法》对科普的定义进行描述，将科普行为从普及科学技术知识扩展到倡导科学方法、传播科学思想、弘扬科学精神；将科普方式从公众易于理解和接受扩展到公众参与；科普主体不再限于科学技术协会或科普协会组织，而是将国家机关、武装力量、社会团体、企事业单位、农村基层组织及其他组织包括在内，还强调国家支持社会力量兴办科普事业[4,5]。《中华人民共和国科学技术普及法》对科普的定义反映了中国科技进步与经济社会发展的趋势及要求。在欧美国家，科普通常被称为“公众对科学的理解”（Public Understanding of Science）、“科学传播”（Science Communication）或“科技传播”（The Communication of Science and Technology）。“公众对科学的理解”首次出现在1985年。“科学传播”出现在20世纪90年代中期，表明科普进入新的发展阶段，开始由单向传播转为双向互动，科普的内容和方式得到拓展，强调社会各行为主体之间相互交流、平等对话的关系[4]。

1.1.2 科技资源

科技资源是指从事科技活动的人力、物力、财力，以及组织、管理、信息等软件、硬件要素的总称，或是强调其中某些要素的集合。科技资源为科技创新活动提供了物质保障，也为科技管理、科学决策和科学研究提供了基本条件，是国家的重要战略资源[6]。对于科技资源包含的具体资源要素分类，不同学者提出了不同的分类方法[7]，有代表性的是“三要素论”[8-10]“四要素论”[11,12]“五要素论”[13,14]（见表 1-1），一般实践活动中使用“三要素论”分类方法。

表 1-1　科技资源的资源要素分类

分类	主要内容
“三要素论”	科技人力资源、科技财力资源、科技物力资源
“四要素论”	科技人力资源、科技财力资源、科技装备资源、科技信息资源
“五要素论”	科技人力资源、科技财力资源、科技装备资源、科技信息资源、科技政策与管理资源

本书基于“三要素论”对科技资源进行分类。

（1）科技人力资源。科技人力资源指从事科技活动的人员，具体包括直接从事科技活动和为科技活动提供直接服务的人员，例如，从事科技研究与开发的科学家、工程师、研究生，以及从事科技管理的管理人员等[15-18]。

（2）科技财力资源。科技财力资源指为科技活动提供资金支持的经费，主要包括研究与试验发展（Research and Development，R&D）活动经费、科技成果转化与应用活动经费、科技服务活动经费三大部分[19-21]。研究与试验发展活动包括基础研究、应用研究、试验发展。科技成果转化与应用活动包括设计与试制、小批试制、工业性试验等[22,23]。科技服务活动包括制定计量、标准、统计等。科技经费来源包括政府财政拨款、单位自筹资金、银行科技贷款等[24-26]。

（3）科技物力资源。科技物力资源指开展科技活动的科技组织及其所需的各类科技基础设施、科技制度、科学技术、科技信息等资源[27,28]。科技组织指可以提供科技服务活动的单位或组织，例如，上级主管部门、高等院校、科研机构、科研加盟单位、科技服务平台等[7]。科技基础设施指各类科研院所、高等院校、企业的技术研发机构、实验基地、国家重点实验室、科技服务机构、技术研究中心等平台及其科研仪器、设备、场地等物质性设施[29]。科技制度指针对科技活动制定的指导性纲领和文件，包括国家颁布的科技活动类的相关政策法规、各类科技单位的各种规章制度等[7]。科学技术指开展科技活动、加快科技成果转化可采用的技术手段，包括文献检索技术、仪器相关技术、科技评估检测技术、管理决策技术、研发创新技术等。科技信息指以信息形态呈现的各种科技创新与科技研究的产出和成果，包括科技文献、科技专利、科学数据及数据库、高新技术产品等[15]。

1.1.3 科普资源

基于科技资源的资源要素分类方法，科普资源可分为科普人力资源、科普财力资源、科普物力资源[30]。

（1）科普人力资源。科普人力资源指科普工作者、科普参与者等参与科普工作的各类人员，例如，科普创作者、科普活动策划经营者、科普受众等。由于科普工作者的工作方式不同、工作内容多样，因此科普人力资源管理具有多样化特点。按工作方式可将科普人力资源分为专职人员、兼职人员和志愿者[31,32]。按工作内容可将科普人力资源分为科普管理人员、科普创作人员、科普讲解人员、科普活动组织人员、科普活动实施人员、科普教师等。

（2）科普财力资源。科普财力资源指为科普活动提供资金支持的经费，例如，科普创作专项资金、科普活动专项补贴等。中国关于科普经费投入的统计主要包括《中国科学技术协会统计年鉴》《中国科技统计年鉴–2023》，以及关于科学普及经费的统计，例如，《2024 年政府收支分类科目》中收录了关于科普经费的统计[33–35]。科学技术部科普经费统计是作为科学普及服务进行统计的，包括科学技术部、教育部等多个科技行政部门内部开展科学普及的相关经费投入情况，以及中国科学技术协会系统的经费投入情况。科学技术部科普经费统计的范围比较全面，涵盖经费、人员、场馆等多个方面。

（3）科普物力资源。科普物力资源指开展科普活动的科普组织及其依托或需要的各类科普基础设施、科普制度、科普技术资源、科普信息和产品等。科普基础设施主要指开展科普工作需要的各类场地，包括科普场馆、科普工作站、社区科普点、流动科普点等[36]，其对建设运营、安全、设备设施配备、环境能源保障等方面都有要求。科普场馆主要指专门从事和开展各类科普工作和活动的博物馆、科技馆等；科普工作站主要指非专业从事科普工作的各类机构，依托自身优势和特点，在机构内部开辟的服务科普工作的平台；社区科普点主要指依托社区资源开展科普工作的各类场所[37,38]；流动科普点包括科普大篷车、流动科技馆等，旨在促进科普工作均衡发展[39,40]。科普技术资源包括科普资源平台和各类新兴技术。其中，科普资源平台主要依托新媒体技术，通过网络平台，向公众开展科普工作，包括各类科普文章、科普视频、科普图片、科普资讯等，科普资源平台的搭建为各类主体参与和开展科普工作提供平台和途径；新兴技术随着人工智能技术、各类数字智能设备的不断发展，其应用在科普工作中逐渐增加。例如，机器人导览、虚拟现实（Virtual Reality，VR）和增强现实（Augmented Reality，AR）技术已应用在科普展览展示中[41]。

1.1.4 科技资源科普化

科技资源科普化指拓宽科技资源的功能和应用范围，将科技资源在配置过程中转化为发挥科普功能的人才、经费、基础设施、资源产品、信息和数据等科普资源，并将科普工作纳入科技计划中，把科技人力、财力和物力资源转化为科普人力、财力和物力资源[42,43]，让公众更好地理解科学和技术，了解科技活动的环境、过程、成果和科学精神。例如，动员组织科技工作者从事科普工作[44]；在科技研发活动投入经费中设置一定比例科普经费[45]；将科研单位、科研设备、科技产品等科技组织、科技基础设施、科技信息资源转化为科普场馆、科普条件与设施、科普创作等科普资源[46]。

科技资源科普化将科技资源和科普资源进行融合，形成相关资源生产、传播、转化、创新的完整链条。其中，人力资源是科技资源和科普资源要素中最具有创造性的要素，对于科技创新和科学普及活动具有主导作用。实施科技资源科普化专项行动，需要支持和指导高等院校、科研院所、企业、科学共同体等利用科技资源开展科普工作，鼓励科技人才向公众普及科技成果蕴含的科学原理和科学方法，将科技创新资源转化为优质科普资源。

推动科技资源科普化是扩大科技资源应用范围、提升科普服务能力的有效途径，主要包含两个层面内容[47]：一是先产生科技资源，再根据科技资源的类型和适用性，有选择地实施科技资源的科普功能转化；二是在制订科技计划时，预先将科普目标和科普活动纳入科技计划中，主动实现有预期的科普转化，让科普产出成为科研成果的组成部分。

1.1.5 科普产业

科普产业是一种新兴的产业形态，是基于科学技术进步发展起来的一个特殊产业，由科普产品的创意、生产、流通和消费等环节组成，在市场机制的基础调节下，向国家、社会和公众提供科普产品和科普服务[48,49]。

截至 2023 年 12 月，尚未发现国外对科普产业的概念及其运作主体进行明确界定，与科普相关的产业大都隶属于文化产业，存在大量具有科普教育功能、呈现产业性质、从事科普产品和服务的企业实体。

中国的政策文件中，“科普产业”最早出现在 1999 年 12 月科学技术部等 9 个部门联合印发的《2000—2005 年科学技术普及工作纲要》[50]，其中提到：积极探索按照社会主义市场经济办法推动科普事业发展的有效途径。对通用科普设施、装备、展品的研制活动，可率先按市场机制运行。在制定和实施《科普网络建设行动计划》中，把研究开发以科普教育为内容的计算机软件作为重点之一，制作优秀的科普多媒体作品，在为大众传媒开展科普活动提供强有力支持的同时，形成科普产业的新增长点。此后，各部委、各地方政府均出台了一系列与科普产业相关的政策法规，并对科普产业范围进行界定（见表 1-2）。《全民科学素质行动规划纲要（2021—2035 年）》进一步完善了促进科普产业发展的政策[51]，其中，“建立完善科技资源科普化机制”部分明确提出：

推动科普事业与科普产业发展，探索“产业+科普”模式。

学术界也开展了大量关于科普产业的理论和实证研究，对科普产业的范围界定与政策文本相近。其中，对科普产业的内涵和范围有多种界定，包括从产业功能角度对科普产业进行界定，从与科普事业对应的角度对科普产业进行界定，以及从产业属性角度对科普产业内涵进行界定[52–54]，具体包括产业内容、机制和目的等。

表 1–2　中国主要科普政策对科普产业范围的界定

序号	名称	界定范围
1	《2000—2005 年科学技术普及工作纲要》	科普设施、装备、展品的研制活动，科普教育、科普传媒
2	《全民科学素质行动计划纲要实施方案（2016—2020 年）》	科普出版、科普旅游馆（园）、科普展览展品开发制作、科普玩具、科普教育与科普游戏软件、营利性科普网络
3	《国家科学技术普及“十二五”专项规划》	科普展教品、科普图书、科普影视、科普动漫、科普玩具、科普游戏、科普旅游
4	《“十三五”国家科普与创新文化建设规划》	科普展览、科技教育、科普展教品、科普影视、科普书刊、科普音像电子出版物、科普玩具、科普旅游、科普网络与信息
5	《“十三五”国家科技创新规划》	科普展览、科普展教品、科普图书、科普影视、科普玩具、科普旅游、科普网络与信息

总体来看，科普产业是为科普系统运行提供资源、产品和服务的各类经营实体的集合。

1.2　科普的研究背景

1.2.1　“创新驱动发展”战略的重要部署

创新是历史进步的动力，也是时代发展的关键。在“创新、协调、绿色、开放、共享”的新发展理念中，创新居于首要位置，用以创新为首的新发展理念引领时代发展，会带来一场深刻变革，为全面建成小康社会、实现中华民族伟大复兴中国梦提供根本遵循、注入强劲动力[55–57]。“创新驱动发展”战略有两层含义：一是中国未来的发展要靠科技创新驱动；二是创新的目的是驱动经济社会发展[58,59]。科技创新和科学普及是实现创新发展的两个方面，把科学普及放在与科技创新同等重要的位置是新发展阶段科普和科学素质建设高质量发展的根本遵循[60]。科学普及有助于营造创新环境、提高公民科学素质，也是激发人才创新活力、实现科技成果快速转化的关键所在。科学普及的基础是科学，核心是科技资源，科技资源科普化是科学普及工作的重要组成部分，需要拓宽科技资源的功能，扩大科技资源的应用和影响范围，通过科技资源科普化为科技创新提供“沃土”，为创新发展提供源源不断的驱动力[61-63]。

1.2.2 全民科学素质提升的实现路径

经济社会发展水平的提高依靠科技创新，要求公众科学素质相应提高，将科技资源转化为科普资源，提升科技成果转化水平和普及水平[64]。《全民科学素质行动规划纲要（2021—2035年）》指出，在“十四五”时期实施青少年科学素质提升行动、农民科学素质提升行动、产业工人科学素质提升行动、老年人科学素质提升行动、领导干部和公务员科学素质提升行动“五项提升行动”，以及科技资源科普化工程、科普信息化提升工程、科普基础设施工程、基层科普能力提升工程、科学素质国际交流合作工程“五项重点工程”。提升全民科学素质、加强国家科普能力建设的核心是推动科技资源科普化，建立完善的科技资源科普化机制，不断增强科技创新主体科普责任意识，充分发挥科技设施科普功能，提升科技工作者科普能力，带动不同人群科学素质提升，构建科学素质体系和创新生态[65]。

1.2.3 科技事业价值实现的内在需求

科技资源科普化既是实现科技事业自身价值的内在需求，也是实现科技成果转化为生产力的前提。科技资源和科技成果只有被传播，才能发挥其应有价值，而科技资源科普化是传播科技成果、发挥社会功能的重要方式；广大科研机构和科技工作者获取大量公共资源开展科技创新活动，是科技创新的源头，也是履行科普主力军的职责。西方部分国家的科技资源科普化经验从侧面证明，在随着科技创新越来越专业化、精细化的现代，更需要科技工作者自身充分发挥科学传播者的角色，做好科技资源科普化工作，避免科技资源与科普资源的割裂、科学知识生产者与传播者的分离。目前，科学技术部一些基础研究专项、中国科学院的科技先导专项等，都明确把科学普及工作作为其重要工作内容，这样有利于全民科学素质提升和科技成果转化[66,67]。

1.2.4 企业科技创新发展的有力支撑

企业是创新的主体，国有企业特别是中央企业是科技创新的主力，“十四五”期间构建新发展格局的关键是高水平科技自立自强[68-70]。打造原创技术策源地和现代产业链能充分彰显国有企业和中央企业的担当和使命作用，是中央企业“十四五”期间加快实现高质量发展、建设世界一流企业的必然要求和重要路径。国务院国资委发布的《中央企业科技创新成果推荐目录（2020年版）》表明，近年来中央企业不断增强创新创造意识，努力实现科技自立自强，取得一系列突破性、标志性科技创新成果；中央企业不仅在科技创新数量上取得喜人成果，也积极进行跨领域创新。中央企业实现高水平的自立自强、提高科技成果转化能力、积极进行跨领域创新，都离不开高质量的科普工作；中央企业众多突破性、标志性科技创新成果，也亟须通过科技资源科普化研究与实践，得到更广泛应用和快速转化。

1.2.5 企业科技资源科普化优势突出

企业具有急迫的科普需求、良好的科普基础和丰富的应用场景，尤其是在国民经济发展中发挥“顶梁柱”“压舱石”作用的中央企业，科普影响力和品牌效应显著[71,72]。以三峡集团为例，由于其长期持续开展系列高质量科普工作，在科普展览、科技教育、科普展教品、科普影视、科普书刊、科普音像电子出版物、科普旅游、科普网络与信息、科普基地等方面均积累了良好的实践经验，在能源类中央企业中表现突出。同时，三峡集团现有业务在新媒体、出版、旅游等方面的科普市场十分广阔，应用场景十分丰富。

《关于新时代进一步加强科学技术普及工作的意见》[73]明确了企业关于科普的社会责任，要求企业积极开展科普活动，加大科普投入，促进科普工作与科技研发、产品推广、创新创业、技能培训等有机结合，提高员工科学素质，把科普作为履行社会责任的重要内容；鼓励科技领军企业加大科普投入，促进科技研发、市场推广与科普有机结合。中央企业以往的科普实践工作较多[74]，但是科技资源科普化路径和经验缺乏总结提炼，更需要积极推动科技资源科普化，把创新实力转化为科普影响力，通过科学普及促进科技成果转移转化，努力实现科技创新与科学普及共同发展[75]。

1.3 科普的研究进展

中国科技资源科普化相关学术论文可追溯到2009年[42]，关于科技资源科普化思考的文章为后续科技人才资源转化、科技成果资源转化、科研场景资源转化等研究提供了建议和参考；许多地方政府和公益机构开展的大量科技资源科普化建设实践也以学术论文的形式对其经验进行了总结[76]。将中国地方政府作为科技资源科普化建设实践研究对象的学术论文按照发表时间顺序整理，主要包括山东省龙口市[77]、湖南省[78]、上海市[79]、广东省[80,81]、福建省厦门市[82]、河北省石家庄市[83]、浙江省[84]、新疆维吾尔自治区[85]等，研究主要通过对地方科技、科普、传媒等行业调研、访谈及综合运用等各种方法，分析科普的人员、场地、经费、活动等现状，归纳总结政府推进科技资源科普化的经验做法并提出对策和建议。研究结果表明，通过政策引导、财政引导、舆论引导等探索，地方政府科技资源科普化工作取得一定成效，在促进地方经济发展方面具有不可替代的作用；科普基地和各类行动计划为科技人员开展或参与科普工作提供了重要载体和平台，形成一批科普品牌。公益机构的科技资源科普化建设实践以科研机构为主体，在借鉴英国[86]等国外经验基础上，依靠各级政府政策支持开展实践。例如：中国科学院以大科学装置推动原创科普展品研制[87-89]，推动高端科技资源科普化能力建设；广州气象卫星地面站结合主业工作开展卫星气象业务的科技资源科普化创新实践[90]。

科技资源科普化为科技经济融合发展提供了新的实现路径[91]。由于过去对科技和科普资源的经济属性认识不足，过分强调公益性而忽视了其产业融合能力，因此企业科技资源科普化工作进展缓慢。以地方政府和公益机构为主体的科技资源科普化建设实践，主要由财政资金支持开展，受地区经济发展水平差异性影响较大，目前相关研究对象主要集中在以京津冀、长三角、粤港澳等区域为代表的世界级城市群，这些区域快速发展的经济带来了丰富的科技资源，但是科技资源科普化能力与其科技发展水平仍不协调，亟须打造体系化、规模化、有影响力的区域科普品牌[92,93]。公益机构科技资源科普化也面临诸多困境，例如：缺乏科普工作经费支持；学术论文与科普文章的衔接转化不畅；只有重大科技成果才能得到普及；亟须建立科研成果向科普资源转化的常态化机制。企业是科技创新的主体，许多中央企业开展了丰富的科普探索实践，例如，航天领域为科普工作提供了新的方向，能源领域“双碳”相关科普工作正值热点时期，但是中央企业科普工作整体上仍以实践为主，缺乏系统的工作经验总结和理论层面的模式凝练。

1.4　科普的研究目的

通过梳理科技资源科普化国内外发展现状，以及政策、标准、产业和典型案例，分析科技资源科普化工作机制，结合水利、能源、环保、市政等行业特点，总结企业科技资源科普化的经验，发现不足，初步形成面向中央企业的可复制、可推广、可持续的企业科技资源科普化路径。

1.5　科普的研究内容

1.5.1　国内外发展现状

本书从国外和国内两个角度系统梳理企业科技资源科普化的发展历程。国外选取美国、英国、日本、俄罗斯、以色列等国家的典型案例，从理念、内容、机制和保障等方面分析科普化经验，以及科普产业概况。国内从科技与科普两个角度分析科普化的人力、财力、物力等资源投入情况，以及存在的问题和挑战，进而提出发展方向和建议。

1.5.2 政策

科普发展与国家、地区、行业的科普政策有直接关系[94]。中华人民共和国成立以来，科普相关政策众多，中国科普研究所主编的《中国科普政策法规汇编（1949—2018）》对中华人民共和国成立以来与科普工作相关的纲领、法律法规、政策规划、条例、意见、办法、指示决定、通知等文件进行了系统梳理，收录各类政策289篇，包括全国性科普政策185篇，地方科普政策104篇[95-97]。由于“一体两翼”论（科技创新和科学普及是实现科技创新的“两翼”，要把科学普及放在与科技创新同等重要的位置）的提出，使得科普的重要作用被历史性地提升到国家战略的高度[98,99]。本书主要对2016年以来中国国家层面科普工作相关政策、行业科普相关政策，以及国务院国资委管理的中央企业科普相关政策进行梳理和分析，同时根据地区广泛性和代表性原则，对个别地区科普政策进行梳理和分析，从国家、地方、行业、中央企业等多个维度分析科普相关法律法规、政策性文件等实施情况和实施效果。国家层面重点分析国务院、中国科学技术协会等发布的政策性文件。地方层面主要选取北京、上海等代表性省（自治区、直辖市），重点分析科学技术普及条例实施情况和地区科普政策情况。行业层面主要从科学技术部、财政部、自然资源部等国务院下属部委和中国科学院等机构发布的政策展开分析；中央企业层面尽量覆盖不同类型企业，但是由于中央企业科普工作以实践为主，政策性文件相对较少，因此主要针对联合体进行分析。

1.5.3 标准

《全民科学素质行动规划纲要（2021—2035年）》首次将“强化标准建设”作为各级组织实施科普工作的重要保障之一，提出“分级分类制定科普产品和服务标准，实施科学素质建设标准编制专项，推动构建包括国家标准、行业标准、地方标准、团体标准和企业标准的多维标准体系”[100]，不仅强调了标准化工作对于引领科普高质量发展、支撑公民科学素质提升的重要意义，也对科技资源科普化的标准化工作提出了新的要求[101]。

本书重点对中国科技资源科普化相关标准化工作现状进行说明总结，从国际标准和国内标准两个层面分析、明确标准化工作存在的问题。国际标准重点从国际标准化组织（International Organization for Standardization，ISO）和国际电工委员会（International E-lectro Technical Commission，IEC）两大国际标准化组织机构进行总结；国内标准主要从国家标准、行业标准、地方标准、企业标准等现行标准体系层面进行总结。通过分析标准化现状、存在的问题，结合企业科技资源科普化工作的最新形势与发展要求，提出企业参与构建国际标准、国家标准、行业标准、团体标准、企业标准等多维标准体系的思路。

1.5.4 产业

科普产业是科普事业发展的重要推动力，是伴随中国科技和科普事业的发展而逐渐发展壮大的，具有重要战略意义和时代价值。近代科学技术的兴起和传播为人类社会带来了福祉，致力于科普工作的企业、机构、团体和个人使科技理念和科学精神深入人心，使科普得到日益广泛的运用，从而极大地解放和促进了生产力的发展。未来社会发展中，科技及其成果将成为人类文明进步的基石，在这个过程中，科普及其产业发展也将发挥重要的支撑作用。然而，科普产业相关研究和调查较少，本书主要根据现有文献总结并分析中国科普产业调查统计结果和研究成果，梳理、提炼科普产业现状、投入、存在的问题和发展趋势，包括科普产业的主要类型、分布、业态和规模等。

1.5.5 典型案例

本书选取中国科学技术协会及其系统内的学会组织、中国科学院系统的科研院所、其他机构等三类主体利用科技资源开展科普工作的典型案例，总结各类机构开展科技资源科普化的经验与存在的问题，以能源中央企业三峡集团为例，分析典型中央企业科技资源科普化实践经验，进而总结企业利用科技资源开展科普工作过程中形成的经验做法和存在的共性问题，提出针对性建议，初步研究并提出可复制、可推广、可持续的中央企业科技资源科普化路径。

1.6 科普的研究方法

本书主要采用文献调查法、访谈调查法等方法调研和获取数据，采用文献可视化技术、知识图谱技术、统计分析法等进行数据分析，通过调研相关的科技、科普、传媒等网络和实体资源等信息，对科技资源科普化相关指标成果进行统计[102]，梳理科技资源向科普资源持续转化的内在逻辑关系。

文献调查法主要用于调研中国知网等网络期刊文献数据库资源，以“科普”等为检索关键词，通过手动与自动下载相结合的方式进行文献数据库资源调研、数据获取与储存，通过网络爬虫等技术进行网络资源的大数据自动获取与储存。访谈调查法主要用于调研科普相关的科技工作者，通过会议的形式多次进行开放式访谈，调研企业科技资源科普化实践经验，并将访谈结果转换为文字储存在文档中，便于进一步凝练总结。

文献可视化技术主要用于分析下载的文献，本书采用 VOSviewer 进行文献合作网络分析、共现分析、引证分析、文献耦合分析、共被引分析等[103-106]。知识图谱技术主要用于对网络爬虫获取的多源数据进行知识图谱自动构建。统计分析法主要对不同类型数据的具体指标进行定量统计和对比分析，进而建立科技资源与科普资源相关字段的关系，并对其进行分析。

第 2 章 国外发展现状

2.1 国外发展历程

2.1.1 起源：科学研究的公众支持为科普提供机遇

科普是伴随科学的起源和发展而兴起的。“科学报道”首次刊载是在 1690 年的美国报刊，早期的科学家积极地将自己的科研成果向公众传播，例如，哥白尼出版著作《天体运行论》，伽利略的《关于托勒玫和哥白尼两大世界体系的对话》，以及始于 1826 年的皇家学院“周五讲座”等[107]。直至 1840 年，英国学者威廉·惠威尔（William Whewell）在他的《归纳科学的哲学》一书中才提出“科学家”（scientist）这一名词[108]。尽管早期的科学家不被称为“科学家”，但他们的科普活动却早已开始。19 世纪晚期，美国已经出现了科普杂志，包括《科学美国人》（Scientific American）[109,110]。科学家认为科普是他们工作的一部分，应该把自己掌握的实用知识传播给公众，同时他们也意识到科学研究需要公众支持，需要利用媒体渠道，与公众分享科学探索的故事。新闻媒体成为科学家进行科普的主要平台，是科技资源科普化的重要手段，也是公众完成正规教育后获取科技信息的主要途径[111]。

2.1.2 分野：科学共同体收缩导致科研与科普分离

随着科学向专业化方向发展，科学家向职业化方向发展，科学共同体开始形成，伴随而来的是科学的制度化，科技资源向科学共同体内部收缩，科学成了一种有特定参与者、共同商定的规则和实践的活动，科学家创造出属于自己的“语言”、培养方案和奖励制度，对外科普开始不受重视，甚至成为禁止行为[112]。一些主要的科学协会开始对开展科普工作的科学家进行惩罚，并排斥违反规定的科学家个体，科研成果被推向一个孤立保守的方向。例如，1992 年，许多人对天文学家卡尔·爱德华·萨根（Carl Edward Sagan）在公共场合持续不断地传播科学新闻活动嗤之以鼻，美国科学院甚至拒绝授予他院士头衔。

科学共同体的收缩为新闻记者创造了机会。新闻记者开始承担起向公众普及科学的任务，他们作为科学传播的“二传手”，建立了科学、科学家与公众的桥梁[113]。20 世纪 70 年代早期，公众对环境的担忧导致对科学产生怀疑，人们开始思考科学技术发展的负面影响，科学新闻的作用开始转向对科学技术的评论，科学新闻记者不再将自己看作是科学的传播者，而是评论员和解说员，这就导致以科研论文为代表的科研与科普之间出现了分离。

2.1.3　融合：科技论文的科普转化促进科技资源科普化

公众对科学和科学家的信任和支持是科学研究顺利开展的重要因素，科学研究的成果最终要惠及社会与公众。为了确保能够持续不断地获得公共部门和私人基金会的科研经费，向公众进行科学传播成为一个必要的趋势和任务。1985 年，英国皇家学会发布的《公众理解科学报告》认为：每个人都需要理解科学……某些情况下，公众对科学的理解有助于做出更好的专业决策[114]。有的国家开始制定科普相关的政策，确保科研成果能够及时向公众传播。美国科学促进会、英国皇家学会、法国科学院、澳大利亚联邦科学与工业研究组织等机构，都要求其成员开展一定的科普工作，与公众探讨自身研究工作[115]。有些机构制定了传播指南，有些机构成立了新闻办公室或者聘用专职科普工作人员促进科技资源科普化[116]，还有一些机构如美国神经科学学会，甚至组建专业团队将科技资源科普化，以此促进科学家与公众之间的交流。

国内外一直在探索和推进科研与科普相融合的机制，相关机构把以论文为代表的科研成果向科普资源转化作为科技资源科普化的重要内容，例如，英国、澳大利亚和新西兰等国家的科学媒体中心专门针对顶级科学期刊上发表的科研论文开展科普转化工作[117]。此外，欧盟框架计划也通过两种途径增进基础研究与科学传播的结合，一种途径为设置独立的科学传播板块，另一种途径为在非科学传播项目设置科学传播内容[118,119]。结果表明，开展科研论文的科普化可以“一举三得”：一是从事科学报道的媒体和记者可获得科学、可靠的新闻素材，从而解决了有时难以找到科学或者科学家新闻的问题；二是能够让公众更好地了解最新科研进展，特别是与自身密切相关的科研成果；三是被媒体报道的科研成果和科研人员既能在一定程度上提高其科研成果的引用率，又能增加科研成果在同行内传播的速度和范围，更好地扩大科研成果的影响力[120]。

2.2　国外科普产业概况

国外没有明确的科普产业概念及其运作主体。一般情况下，与科普相关的企业是经济社会发展的重要产业支柱。国外科普及其相关产业的重要形态和体现主要是将科普融入企业文化中，使之成为企业价值和品牌提升的重要手段，使科普和产业发展相互促进，其优势产业一般与文化产业紧密结合，尤其是出版、旅游、教育、影视等产业，并逐渐形成多元化的产业集群。自 20 世纪 60 年代开始，国外科普服务供给的市场化趋势日益明显，表现为以市场机制为基础进行运作，政府在投入公益性科学传播的同时，积极利用财政资金的杠杆作用推动相关产业发展。企业在发展过程中逐渐重视科普的作用，一些著名企业把科普作为提升企业形象和品牌价值的重要手段，以创办企业大学等形式激发科普市场的活力。因此，企业对科普活动进行资助并从事经营性的产业推动科普进一步发展，是国外企业进行科普推广的重要形式[48]。

2.2.1 科普出版产业

出版产业是国外传统科普产业的主力军。一些优秀的科普作品如《时间简史》在全球的发行量很大；《国家地理》也有广泛的读者群体，除英文版期刊外，还有多种语言版本的出版。同时，出版产业由传统媒介逐步扩展至数字新媒体和全媒体刊物，例如，《国家地理》的各种数字杂志支持不同的移动终端阅读，持续吸引不同年龄段的读者。

2.2.2 工业科普旅游产业

国外不少汽车制造企业开发了工业旅游项目，例如，法国的雪铁龙、标致和雷诺公司，日本的丰田和三菱公司，韩国的现代和大宇公司。早在 2000 年，英国吉百利公司每年的游客数就达到 40 万人次，日本丰田公司的游客数达到 30 万人次。从发展趋势看，工业科普旅游的发展模式趋于形式多样化、功能多元化、内容综合化，使工业科普旅游的内涵更加丰富，市场适应性更强。

2.2.3 科普教育产业

各国现在越来越重视科普教育。起源于美国的 STEM（STEM 指 Science，Technology，Engineering，Mathematics）教育已经非常成熟，从大学到中小学甚至幼儿园都已开设该方面课程。2015 年 10 月，以色列教育部、洛克希德马丁航空公司、贝尔谢巴市政府和拉希基金会共同组织开办的首个科学幼儿园正式投入使用，每学年至少开设 300 小时的科学和技术指导及训练课程。

2.2.4 科普影视产业

国外影视产业是面向公众进行科普的重要窗口，同时可带来巨大产值。据统计，日本电视台的科技类节目占节目总量的 15%，最成功的是 NHK 电视台的科学频道。美国电视台的科技类节目占节目总量的 20%，美国探索传媒集团 2015 年的收入为 63.94 亿美元，其中，探索美国网的收入为 31.31 亿美元、探索国际网的收入为 30.92 亿美元、教育及其他收入为 1.73 亿美元、公司及部门间的消耗为 0.02 亿美元。美国科幻影视产业是仅次于航空工业的第二大创汇产业，2016 年，美国科幻电影票房收入约 597.6 亿元，科幻类电子游戏全球销量超过 29.48 亿元。

2.3 典型国家概况

与科技活动的其他门类一样，不同国家的科学传播形态与传播模式不同，这是由各自迥异的政治、社会、文化造成的。本书主要对美国、英国、日本、俄罗斯、以色列 5 个在科学技术和科学传播方面居于世界先进水平的国家相关情况进行介绍。

2.3.1 美国

1. 理念

美国关于科技发展的重要报告中，对推动科普发展起关键作用的是 4 份，分别是：1945 年的《科学：没有止境的前沿》，其促使美国国家科学基金会成立；1947 年的《科学与公共政策》，其强调面向非专业人员进行科学教育的重要性；1994 年克林顿提出的《科学与国家利益》；1998 年美国众议院编撰的《开启未来》[121-126]。《科学与国家利益》和《开启未来》两份报告明确把公众的科学素养、公众理解科学、科学与公众的关系等提到重要的高度[127]。在科技战略规划下，美国将非正式教育与学校的正式教育相融合，专门发布“2061”计划和“STEM 2026”报告，致力于科学知识普及和中小学课程改革工程，聚焦未来社会必备的技能和培养创新能力的科学教育[128,129]。

2. 内容

在美国，科普内容由科学家和志愿者自由选取，美国对科学家承担的科研项目成果有科普方面的考核要求。科技优势领域如航空航天可为科普提供相关内容，而且人类生活、自然环境、应急防范等与日常生活密切相关的领域也可为科普提供相关内容。科普形式主要包括科技场馆日常展览、科普活动、网站宣传、流动宣传车宣传、校园科普、展会、科普游戏、生活中的宣传海报等。科普内容转化形式兼具灵活性和专业性，例如，在生活场景中融入科普，通过公众与科学家互动交流和现场动手体验等多种形式进行科普宣传。此外，美国媒体科普节目制作水平相对较高，在全世界广受欢迎[130]。

3. 机制

（1）科学界。美国大多数科学家不会参与常规的科普活动，甚至有不少科学家抵制参与公众传播活动的同行，认为后者有借助公共影响力获取科研资源的嫌疑。

美国国家科学基金会（National Science Foundation，NSF）强制要求科学家对科研成果进行公众教育（Public Outreach），这遭到了部分科学家的反对。为鼓励受资助的研究人员进行相关的科普活动，美国国家科学基金会建立了研究经费追加科普拨款制度。凡是获得该基金会资助的研究课题负责人，可递交开展相关科普工作的申请并获得

3万~5万美元的追加科普拨款，每年约30个项目可获得该项拨款[131,132]。

美国国家科学基金会的非正规科学教育计划已实施多年，在管理和运作方面积累了成功经验。一是费用分担原则，美国国家科学基金会对支持的科普项目只提供一部分经费，其余经费由项目组织者从州与地方政府、其他基金会、企业或联邦其他机构争取[133,134]。媒体类科普项目支持力度一般为总经费的三分之一，展览类科普项目支持力度为总经费的三分之二[135]。二是质量严格把关原则，美国国家科学基金会对科普项目采用同行评议的审批方法，对开展的活动、出版物、展品等逐项进行严格评估，还要求科普项目执行机构成立顾问委员会和技术委员会，鼓励执行机构自行对项目进行评估，特别是总结性评估[136]。三是重视合作原则，美国国家科学基金会始终积极倡导在科普工作中建立合作伙伴关系，由此建立了科技周网络，分布在各地的常年科普活动中。

美国科学界重视对科学传播能力的建设，以2019年美国科学促进会（American Association for the Advancement of Science，AAAS）年会为例，年会上关于科学传播的各种类型的培训活动多达几十场[137]。这些以研修班为主的活动涵盖了科学媒体关系、公众沟通技巧、互联网科普操作指南和社交媒体利用等科学传播的基本手段，也囊括了实验室摄影摄像、网络视频利用、漫画书写科学，以及科学戏剧展示等各种热门科普形式。除了美国科学促进会举行的大型综合性年会，其他很多自然科学协会的学术年会还包含科学传播技能培训内容，且培训之外的服务举措也有很多，例如，美国科学促进会、美国化学会、美国地质学联盟等机构都为会员提供免费的科学传播服务。

（2）教育界。美国科普工作推动模式以“政府+科学团体”为主，其他机构广泛参加。尽管美国各个高等院校都非常重视科学传播，但是美国既没有全国性的科普主管部门，也没有学校层面自上而下的科学传播管理体系，大多数美国大学的院系科学传播部门与校级传播部门彼此完全独立，没有隶属关系。每所学校的科学传播团队都不少于几十人，而且基本每个院系都有负责科学传播工作的职员。总体来看，公立大学校级科学传播团队较大，管理较集中；而哈佛大学和麻省理工学院等传统私立高等院校的校级科学传播管理较分散，每个学院都有自己独立性很强的科学传播团队。

虽然美国高等院校普遍开设科学传播课程，但是覆盖人群有限，例如，麻省理工学院和康奈尔大学开设的科学传播课程及培训班每年能覆盖到的科学家或博士生、博士后数量不过一二百人，接受过科学传播培训的人不到科研工作者的十分之一[138,139]。美国很少有学校安排校级的统一科普活动，基本都是每个院系单独组织，鲜见与中国全国科普日或科技活动周类似的统一科普活动。美国所有院系以上级别的科学传播活动，几乎都依赖于高等院校所在地社区的推动，尤其是当地科技馆等科普社团组织的倡议，例如，哈佛大学和麻省理工学院所在地马萨诸塞州剑桥市的科学节。

（3）奖励。美国设立了一系列用来激励和保障科普工作的奖项（见表2-1），还有一些奖项专门鼓励青年科技工作者从事科学传播活动，例如，事业起步公众参与科学奖（Early Career Award for Public Engagement with Science）[140]。从整体看，美国科普奖项建立了奖励的长效机制，民间科普奖项远多于官方奖项，奖励范围涵盖地区性、全国性或国际性奖励，奖励方式包括荣誉证书、奖章、奖金、科普经费资助等，类型和标准呈多元化特征。

表 2-1　美国科普相关奖励

类别	奖励名称	设奖机构
科普图书奖	优秀科学图书奖（SB&F Prizes for Excellence in Science Books）	美国科学促进会
	优秀青少年科普图书奖（Outstanding Science Trade Books for Students K-12）	美国科学教师协会
	科学图书奖（Phi Beta Kappa Science Book Award）	美国大学优等生联谊会
科学新闻（报道）奖	社会科学新闻奖（Science in Society Journalism Awards）	美国科学作家协会
	卡弗里科学新闻奖（Kavli Science Journalism Awards）	美国科学促进会
纪念奖	刘易斯·托马斯科学写作奖（Lewis Thomas Prize for Writing about Science）	洛克菲勒大学
	卡尔·萨根奖（Carl Sagan Medal）	美国天文学会
	卡尔·萨根公众理解科学奖（Carl Sagan Award for Public Understanding of Science）	美国科学学会主席团理事会
	卡尔·萨根科普奖（Carl Sagan Prize for Science Popularization）	民间科教组织
综合类科学传播奖	公众参与科学奖（Award for Public Engagement with Science）	美国科学促进会
	公共服务奖（National Science Board Public Service Award）	美国国家科学委员会
	科学传播奖（Science Communication Awards of the American Institute of Physics）	美国物理联合会
	事业起步公众参与科学奖（Early Career Award for Public Engagement with Science）	美国科学促进会

4. 保障

组织机构方面，科学团体和各类基金会是美国科普事业的重要保障。博物馆、航空航天局、各类媒体、科技馆、图书馆、中小学校、青少年组织、社区、企业、研究机构、高等院校等均参与科普活动。在北美的科学节组织者中，研究机构或高等院校和博物馆是主要组织者，分别占 44.4% 和 38.9%；非营利性组织占 11.1%；当地政府部门参与度较低，只占 5.6%[141]。

经费保障方面，美国科普经费以民间捐赠为主，包括个人、基金会、企业等，政府投入资金较少，例如，美国国家科学基金会为了办好科技周活动，与拜耳公司、IBM 公司、福特汽车公司等大型企业建立了长期合作伙伴关系，获得了大量科普活动资金支持。大多数欧美国家举办科学节的主要运转资金来自于赞助商。赞助商的类型多样，除政府相关部门外，主要包括各类专业的研究协会、私人基金会、科技公司及其他类型企业等[141,142]。各类赞助商资助比例不固定，通常各类基金会或企业赞助比例远高于政府相关部门。

人力资源方面，教师、科学家等是重要的科普人才队伍。

设施方面，除科学博物馆、科学中心及图书馆外，国家实验室等科技资源基地也承担一定科普工作，拥有自然资源的公园有时也会承担科普教育工作。

2.3.2 英国

1. 理念

英国的科普历史最为悠久，经历了科技领先、公众质疑、重新兴起等阶段，在欧盟政策框架下注重科学素质的提升，将科普工作纳入科技发展战略规划。1993 年，英国政府发表《实现我们的潜力》科技白皮书，提出要增强公众对科学、工程和技术的社会贡献方面的认识，首次明确科普是英国研究理事会的一部分职责，改变了政府科普工作薄弱的状况[143]。英国商业、创新和技能部（Department for Business，Innovation and Skills，BIS）发布的《2008 年科学和社会的愿景：对英国新战略开发的咨询》报告专门针对科学传播制定了一系列政策[144-147]。《超越与机遇——21 世纪的科学与创新政策》开始把政府科普工作的重点转向公众参与科学，以及科学家与公众对话的新模式[148]。英国皇家学会发布《公众理解科学》报告，要求全体科学家都必须认识到自己肩负着向公众传播科学的责任[149]。

同时，英国也重视科学教育，1988 年开始在《英国 1988 年教育改革法》中，将科学列为核心课程，将技术列为基础课程中仅次于现代外语的重要课程。此后，让学生掌握更多的科学精神、科学思想和科学技术，成为学校教学的一个主要目标[143,152]。英国各研究理事会把科普工作的重点放在支持中小学科学教育方面，分别制订面向学校的科普计划。

2. 内容

《欧洲科学传播活动白皮书（Science Communication Events in Europe）》曾提到，科学传播活动的组织者和管理者十分多元化，有政府组织，也有非政府组织，还有地方政府和大学。这些机构包括：国家、地区或市级政府主体；大学、研究机构、科技馆、科学中心或自然类博物馆等非政府主体；半营利性私人机构；非营利性组织；学会、协会等。以上对欧洲科学传播活动举办主体情况的概括同样适用于其他发达国家。但是，不同类型的组织者在不同国家、不同科学传播活动中发挥的作用不尽相同。以科学节为例，欧洲的科学节组织者中，非营利性组织发挥主导作用，占组织者的 52.9%；研究机构、大学、科技馆等也发挥重要作用，占组织者的 22.7%；当地政府部门的参与比例不高，占 17.1%；各类研究协会占 7.3%[141]。

英国在传统优势科技领域和前沿科技领域开展了较多科普宣传活动，例如，环保、植物学、园艺学、转基因、理化基础等领域。通过教育培训基地、科学家与媒体联合创作科普作品，以及宣传教育活动、学术报告会、展览、虚拟数字植物园、刊物、宣传片等形式，英国将科技成果转化为科普知识，相关人员通过参与沉浸式培训，系统获取科普知识。

3. 机制

英国的科学传播模式为双向沟通的交流模式，可让公众进一步参与到关于科学技术发展和应用的决策过程中。英国大多数公立和私立机构都参与了科学文化的传播工作，是科普工作的主要力量，例如，隶属于英国工业与贸易部的科学技术办公室、英国科学促进会、英国研究理事会、英国皇家学会、英国皇家工程研究院、英国科学教育协会、英国国家科学技术与艺术基金会、英国数据中心、英国科学中心等[153-157]。

与美国类似，英国也设立了一些科普奖项，基本可以分为科普图书奖、科学新闻（报道）奖、纪念奖、综合类科学传播奖[158]4 类（见表 2-2）。

表 2-2　英国科普相关奖励

类别	奖励名称	设奖机构
科普图书奖	温顿科学图书奖（Royal Society Winton Prize for Science Books）	英国皇家学会
科学新闻（报道）奖	科学作家奖（Science Writers' Awards）	英国科学作家协会
纪念奖	迈克尔·法拉第奖（Michael Faraday Prize）	英国皇家学会
综合类科学传播奖	科学传播奖（Society of Biology Science Communication Awards）	英国生物学会
	科恩奖（Kohn Award）	英国皇家学会

英国在科学传播过程中注重科学家和媒体的力量，通过提升科学家和媒体的科普传播技能，加强对公众的科普宣传。例如，英国皇家学会要求所有科学家都必须学会如何有效地向公众传播科学，要求所有科学家通过培训学会如何通过多种形式解释复杂的科学概念，把专业术语和知识转化为通俗易懂的科普语言[149]。科学研究和科学相关的信息通过包括新闻报道、电影、电视、广播和播客、博客等线上媒体在内的多种媒体途径传播给公众。

在评估与改进方面，英国在国家层面研发评估科学传播质量、影响和覆盖范围的工具和数据库，确保开发适当的评估工具和资源，为资助者、政策制定者和从业者有效开展科学传播活动提供依据；英国政府定期委托专业机构开展公众态度调查，并评估科研项目或其他计划的影响力[147]。在实践过程中，从业者设定自我评定框架，掌握科学传播效果。

4. 保障

组织机构方面，英国拥有世界上实力雄厚的科技团体，例如，英国科学促进会、英国皇家科学研究与普及所、英国皇家学会，以及 20 世纪 80 年代成立的英国公众理解科学委员会等，这些团体的科普工作在世界上享有盛名[159]。英国科学促进会通过这些部门与国内和国际上的各个专业组织保持密切联系。英国皇家科学研究与普及所的科普工作享有与研究活动同等重要的地位，遍布英国各地的地方学会、专业协会也启动或加强了各自的科普工作。

经费保障方面，英国的科普资金主要来源于政府投资和社会捐赠[160,161]。英国各领域理事会和基金会参与“公众理解科学计划”，并对科普活动提供资助。

人力资源方面，英国注重科学教师的培训工作。

设施方面，英国拥有众多历史悠久的科技博物馆和科技中心，它们都承担重要的科普功能[162]。

2.3.3 日本

1. 理念

日本科普政策的演变主要是理念的变化。从20世纪中叶强调面向公众进行科学知识普及，到20世纪后期“促进科学技术的理解”，主要通过各种机会唤起青少年和公众对科学的兴趣和关注，增进国民对科技的认识[148]。进入21世纪，日本的科普政策发生新的变化，提出要深化科技创新与社会的关系，即各利益相关者一起进行对话与合作。

2. 内容

日本的科学传播内容依托自身科技发展优势，传播科普知识内容丰富，包括普及基础的科学知识、倡导高效的科学方法、传播专业的科学知识[163]；科普领域多样，包括医学、航天、化学、工业、农业、交通、水族、矿业、天文、通信、广播、电力等[164]；科普内容转化形式多样，包括互动体验、宣传册、科普动漫、科普旅游等。

3. 机制

日本科普机构主要是政府有关省厅和政府性质的科普机构，而且建立了多方合作交流机制。在日本，学校、企业、科研机构、媒体、公共科学文化机构、社会团体等是科普的主要实施者和推动者。

日本的各项科普工作基本都有明确的定位和目标人群，不片面追求综合性，在内容和表现形式方面具有针对性，通过多种渠道实现传播效果，例如，读物、影视作品等[165,166]。日本科普工作注重具体化、体验感、互动性、趣味性，以体验中心、动漫、居家小册子等形式吸引公众参与其中。

4. 保障

组织机构方面，日本的官方与民间科普机构协同工作，官方科普机构有文化教育科技部及其所属的科学技术会议、科学技术振兴事业财团、科学技术政策研究所等；民间科普机构有博物馆协会、日本全国科学博物馆协会、日本全国科技馆联盟等[167]。

经费保障方面，日本科普资金主要来自于科技振兴事业财团、各学会和企业。政府通过税收等政策引导企业参与公众科普，极大地激励了企业参与科普活动的主动性和积极性。日本已经形成政府和民间力量共同参与的科普奖励机制。

人力资源方面，日本建立了专业的科学传播人才培养体系。

设施方面，日本有大量博物馆、大学实验室等科技场所，为科普活动提供场地设施保障。

2.3.4　俄罗斯

1. 理念

俄罗斯为发展科技，制定并实施了一系列重要计划和项目，其中有一些与科普相关的计划和项目，例如，俄罗斯出版事业资助计划（俄罗斯 2002—2005 年出版印刷资助计划）、创新科研干部培养体系（俄罗斯 2002—2006 年科学与高教一体化计划）、增强信息化水平计划（2002—2010 年电子俄罗斯目标计划），以及吸引青年参与科学普及、科学技术和创新活动计划（2019—2024 年科学普及、科学技术和创新活动计划）[168-170]。俄罗斯通过这些政策鼓励青年投身科研，激励他们对公众进行科学技术普及和教育，注重教育、科学、技术的统一协调发展。

2. 内容

俄罗斯对科普内容没有特别的偏重，技术科学、自然科学、家庭生活等方面均有涉及。科普文学是俄罗斯科普读物的重要表现形式，此外，还有期刊、广播、电影、电视作品等，科学家和科技工作者的作品为科普工作贡献了重要的力量[171]。

3. 机制

组织机构方面，俄罗斯主要是政府制订科普计划，与科普计划相关的一系列政府部门为科普执行方，科研机构、投资公司、基金会、科教组织等机构为支持参与方，资金由俄罗斯国家发展机构及参与公司提供。

形式方面，主要包括科研机构科普、科学节、场馆科普、科学大会、科普期刊和网站等。

4. 保障

组织机构方面，俄罗斯有很多社会团体和非政府组织机构从事科普或与科普相关的工作[172]。

设施方面，俄罗斯拥有世界一流的科技馆、博物馆、图书馆、天文馆等科普场所和设施[165]。

信息化方面，俄罗斯注重发展虚拟博物馆、数字化图书馆等。

媒体传播方面，俄罗斯有众多与科普相关的广播电视节目、图书、报纸、杂志等，其中，科普图书对中国民众的科学普及也产生一定影响，许多俄罗斯科学家撰写的经典科普图书在中国也广受欢迎。

2.3.5 以色列

1. 理念

美国国家科学基金会（National Science Foundation，NSF）每两年发布的世界科学技术状况报告《科学与工程学指标》，对参与“公众对科学技术的理解与态度”调查并愿意提供数据的国家进行比较和评述，收录了包括中国在内的40多个国家的数据[173,174]。《2018科学与工程指标》收录了2016年以色列的调查数据，这表明采用社会学调查方法获得数据并参与国际比较的国家数量较以往有所增加。从国际比较的角度看，该调查数据对于了解本国公众的科学素质发展情况有一定价值[175]。在“公众理解科学技术知识与基本观点”调查数据中，以色列人对物理学和生物学知识各项问题的回答正确率平均为71.3%，甚至超过了美国（60.3%）、日本（52.8%）、欧盟（63.4%），与加拿大（72.1%）持平，远远超过中国（40.1%）。以色列公众科学素质之所以如此高是因为以色列高度注重科学教育。可以说，以色列的科学教育已经深入人心，是一种全民科普形式，形成人人都是科普者、人人都是被科普者的全民科普理念。

2. 内容

以色列一直将科技作为立国之本，科技对GDP的贡献率为90%以上，在信息通信、计算机、高端装备、半导体、材料、环保、可再生能源、生物医药、医疗器械、军工等高附加值领域均保持世界领先地位，同时这些领域的知识也是科普的重要内容[176-178]。此外，节能环保、创新创业、国防科技也是以色列科普的重要内容。

3. 机制

以色列科普形式主要包括课堂教学、博物馆或科技馆参观、科学活动或项目等。此外，以色列还开创了人工智能机器人和科学商店等创新形式的科普活动。以色列中央政府和地方政府、非政府组织、慈善组织和高等教育机构之间紧密合作，促进了以色列青少年、儿童STEM教育的发展，为培养未来科学家、发明家奠定了坚实基础。以色列在学校教育中十分重视科学普及，从小学到高中都开设科技课程，融合了科学和技术的各方面，包括生态、物理、能源、传播、营养、遗传学等，全方位满足学生的探索兴趣，帮助学生掌握未来生活中所需要的科学技术知识、科学能力和科学方法[179,180]。从2000年起，以色列的初中科技课程取代了以往7—9年级的物理、化学、生物等课程，从《以色列中小学科学技术课程标准》可知，初中课程标准以小学为基础，呈现螺旋式结构[181]。科学教育帮助学生认识到工作与生产对个体、经济、工业及社会有重要价值，科学教育还培养学生注重熟悉国家自然环境的理念，形成自愿保护环境的价值观并付诸行动，目的是向所有学生传达科学技术的基本概念、思维模式和问题解决策略。为了推广全民教育，以色列国防军利用掌握的先进技术和专家资源，打造了极具特色的国防军免费在线教育课程系统，内容覆盖驾驶、医疗、计算机等多个领域，并且所有在线视频、文本及其他学习材料都可免费获取[182]。

4. 保障

以色列将在民众中推广科技知识视为政府工作的重要组成部分，由此政府设立了各种科技教育项目[183]。

合作机制方面，以色列中央政府和地方政府、非政府组织、慈善组织和高等院校之间互相合作，共同推动科普工作开展。

经费保障方面，以色列政府每年的教育经费投入占比仅次于军事投入。

人力资源方面，以色列拥有重量级的科学大师，有 20% 的诺贝尔奖获得者，这本身就是天然的宝贵科学资源。以色列整个国家的科学研究和教育理念也是科学传播的绝佳条件，创造了人人学科学、人人传播科学的良好氛围[184]。以色列大部分公司在确保产品核心内容收费的同时，将许多创新成果以免费的方式向公众开放。各大城市遍布藏书丰富的公共图书馆，民众可以轻易借阅到各类学习书籍，而且公共教育资源数字化建设成效显著[182]。

2.4　小结

国外科技资源科普化工作在某些方面比较先进，值得中国借鉴和学习。经济及社会发展体制的差异导致科普工作的开展表现出差异化特点，特别是中国目前经济社会发展正处于上升阶段，科技资源科普化工作呈现中心化格局，资金投入和政策投入远大于一些国家。但是，从科技资源科普化效果看，中国仍需要从理念、内容、机制、保障等方面进行引导，从培育阶段入手，实现科普化工作高质量发展。

2.4.1　理念

理念方面，明确科普责任意识，鼓励科技工作者开展科普工作。美国、英国等国家认为科技工作者从事科学研究的经费来自于纳税人，为了持续得到纳税人支持，科技工作者采用科普的方式回报纳税人，提高纳税人对科学的理解，使得科学组织、科学基金会、科研机构、大学都能积极参与科普活动。因此，通过从国家层面发布报告等多种形式可帮助科技工作者树立科普责任意识，鼓励科技工作者开展科普工作。

2.4.2　内容

内容方面，多个国家重视学校科学教育。国外科普活动的举办主体比较多，非营利组织占主导地位，而且经过多年的发展，已形成比较成熟的模式，历年的活动形式大体相同，一般包括科学工作坊（Hands-on Workshops）、科学秀（Shows）、互动活动（Interactive Events）、展览（Exhibitions）、技术展览会、科技交流会等。国外中小学校

STEM 教育、科学教育计划、科学教育课程等都体现了科学技术从孩子抓起的教育理念，让孩子在成长过程中多角度、多方位接触科技，包括多个学科领域的基础科学知识和专业科学知识，并且通过互动体验、科普动漫、科普旅游等多种形式，将科技自然而然地融入生活，为孩子们奠定科学技术素养的基础。

2.4.3 机制

机制方面，多个国家建立科普技能培训机制，重视评价与改进。国外许多发达国家的高等院校、科研院所、科技社团等建立了提升科技工作者科普技能的常设项目和培训机制，通过举办科普培训班进行演讲和问答、小组讨论、写作练习、模拟实践等，开展科技传播策略方面的培训。从实施效果看，美国、英国等国家重视评价与改进，均建立了自己的科普工作评价指标体系，同时也形成了第三方专业机构评价的工作模式。评价结果可以量化科普工作成效，也可以作为科普工作持续改进的重要内容，进而形成科普管理的 P-D-C-A 闭环。

2.4.4 保障

保障方面，多个国家完善配套政策，推动社会各界开展科普工作。配套政策的制定可支持高等院校、科研院所、企业、社会团体等开展科普工作。一是资金支持，不同国家开展科普活动的资金来源有个性化因素的影响，但主要是政府资金和社会捐赠两大渠道，其中，政府资金来源于财政支持，社会捐赠包括各类企业、基金会、个人等赞助。二是人才培养，政府主要通过与学校、科普场馆、科研机构等多方合作，加强科普培训。三是建立科普专项奖励，主要分为资金奖励和免税奖励，例如，日本对开展科普工作的企业给予一定额度的税收减免。四是科技项目科普宣传，例如，有些国家在批准部分科技项目的申请时，要求项目团队在研究结束时对项目成果进行科普。

第 3 章 中国发展现状

3.1 人力资源

3.1.1 科技人力资源

根据科学技术部组织编写的《中国科技人才发展报告（2020）》，在人才结构方面，2019 年 R&D 人员（R&D 人员指单位内部从事基础研究、应用研究、试验发展 3 类活动的人员）中，本科及以上学历人员占比达到 63.6%，博士学历人员占比达到 8.5%；企业 R&D 人员全时当量占比达到 76.4%，成为研发人员集聚主体[185]。“十三五”期间，中国 R&D 人员全时当量（R&D 人员全时当量指全年 90% 以上工作时间从事 R&D 活动的人员工作量与非全时人员按实际工作时间折算的工作量之和，可作为衡量科技人力投入的重要指标）快速增长，年均增长速度超过 7%，从 2016 年的 387.8 万人/年增长到 2020 年的 509.2 万人/年，连续多年居世界第一[186,187]。科技人才受教育水平不断提高，R&D 人员中的基础研究人员占比持续增加，人才队伍结构布局进一步优化。

从年龄方面看，青年科技人才是科研主力军。2019 年，国家自然科学奖获奖成果完成人的平均年龄为 44.6 岁，超过 60% 的完成人是年龄不足 45 岁的青年，有 7 项成果的第一完成人年龄不到 45 岁，团队平均年龄不足 45 岁的项目有 26 项，占比 56.5%，最年轻的团队平均年龄只有 35 岁[188-190]。领军人才年龄方面的情况与国家自然科学奖类似，2019 年，中国科学院新增选院士 64 名，平均年龄为 55.7 岁，60 岁（含）以下的占比达 87.5%。这表明更多青年科技人才脱颖而出[191]。

3.1.2 科普人力资源

1. 科普人员数量

2006—2021 年，全国科普人才调查统计结果（包括科普人员、科普专职人员和科普兼职人员）（见表 3-1）表明，中国科普人员队伍建设稳步向前，人员构成进一步优化[194]。2021 年，全国专、兼职科普人员为 182.75 万人，比 2020 年增加 0.80%。中级职称及以上或大学本科及以上学历的科普人员共计 111.55 万人，比 2020 年增加

9.47%，占当年科普人员总数的61.04%。专职科普创作（研发）人员达到2.24万人，比2020年增加20.79%。专职科普讲解（辅导）人员为4.92万人，比2019年增加18.41%。兼职科普讲解（辅导）人员为31.03万人，比2020年增加13.65%。

表3-1 科普人员数量统计表 （单位：万人）

人员类型	年份														
	2006	2008	2009	2010	2011	2012	2013	2014	2015	2016	2017	2018	2019	2020	2021
科普人员	162.35	176.10	180.84	175.14	194.28	195.78	197.82	201.23	205.38	185.23	179.45	178.49	187.06	181.30	182.75
科普专职人员	19.99	22.97	23.42	22.34	22.42	23.11	24.23	23.50	22.15	22.35	22.71	22.40	—	—	—
科普兼职人员	142.36	153.14	157.42	152.80	171.87	172.67	173.59	177.73	183.23	162.88	156.74	156.09	—	—	—

注：资料源自中国科普统计（2006—2018年），科学技术部全国科普统计数据。

根据《中国科协2020年度事业发展统计公报》，2019年，在基层直接为公众提供科技攻坚、成果转化、人才培养、科技咨询、科学普及等方面科普服务的兼职工作者为104.2万人，科技志愿者为253.7万人[195]。

根据科学技术部发布的2020年度全国科普统计数据，中国科普人员队伍结构持续改善，专职人员数量持续增加。2020年，全国科普人员规模为181.3万人，比2019年减少3.08%，但人员结构持续优化[196]。

总体来看，相对于中国人力资源总量和科技人员数量，以及经济社会快速发展的态势，科普人员队伍发展速度仍然相对缓慢，科普专职人员缺口较大，专职科普人员依然稀缺。

2. 科普人员结构

反映科普人员素质高低的指标一般是学历水平。2006—2017年，全国科普专、兼职人员的学历结构调查结果表明，全国中级职称以上或大学本科以上学历的科普人员数量逐年上涨，科普人员素质明显提高[197]。截至2016年底，中国科普专职人员除西藏外，中级职称或大学本科以上学历科普专职人员比例均超过50%，北京、天津、吉林、上海、浙江、青海的中级职称或大学本科以上学历科普专职人员比例均超过70%。中国科普兼职人员中，北京、黑龙江、上海、江苏、浙江、青海、宁夏的中级职称或大学本科以上学历科普兼职人员比例均超过60%（见表3-2）[198]。

根据科学技术部发布的2020年度全国科普统计数据，中级职称及以上或大学本科及以上学历人员在科普专职人员、兼职人员中的占比分别为62.45%、55.21%，比2019年高。专职科普创作人员达1.85万人，比2019年增加6.50%。专职科普讲解人员为4.15万人，比2019年增加1.93%，而兼职科普讲解人员为27.3万人，比2019年增加2.86%[31,196]。

表 3-2　全国 31 个省份科普专、兼职人员学历结构（不含港澳台）

省、自治区、直辖市	人员类型（%）	
	专职人员	兼职人员
北　京	71	66
天　津	75	52
河　北	55	47
山　西	54	40
内蒙古	60	53
辽　宁	67	54
古　林	70	47
黑龙江	69	66
上　海	72	63
江　苏	61	62
浙　江	74	61
安　徽	57	53
福　建	55	59
江　西	59	46
山　东	60	44
河　南	55	51
湖　北	64	54
湖　南	59	49
广　东	56	57
广　西	54	49
海　南	53	31
重　庆	61	51
四　川	52	47
贵　州	58	55
云　南	58	52
西　藏	44	35
陕　西	51	47
甘　肃	54	47
青　海	71	63
宁　夏	55	63
新　疆	56	49

3. 科普人员培养

《中国科协科普人才发展规划纲要（2010—2020 年）》提出，培养和打造一支规模适度、结构优化、素质优良的科普人才队伍[193]。2012 年，教育部与中国科学技术协会联合启动培养高层次科普专门人才试点工作。2013 年，清华大学、北京航空航天大学、北京师范大学、华东师范大学、浙江大学、华中科技大学 6 所高等院校和中国科学技术馆、上海科技馆、山东省科技馆、浙江省科技馆、湖北省科学技术馆、武汉科学技术馆和广东科学中心 7 家科技场馆首次开展硕士研究生培养工作，共招录 150 名学生，学制 2 年，定位为“高端、专门”“高层次”科普人才，先期重点培养“科普教育、科普产品创意与设计、科普传媒”3 个方向的人才[199,200]。各试点高等院校均加大就业指导工作，2015 年和 2016 年共为社会输送毕业生 306 人，就业率为 94. 38%（清华大学除外），就业去向主要为企业、科技场馆、中小学教育机构、政府机构、高等院校或读博深造等。通过政、产、学、研、金、介、贸、媒等各方面要素整合，整个社会为学生创新创业创造了良好环境，有力推动了科技成果转化、创业企业发展和创新人才成长[201-203]。

4. 科普团队建设

2013 年 8 月至 2019 年，中国科学技术协会共开展了 5 批次首席科学传播专家聘任工作[204,205]。截至 2019 年 1 月，共有 98 个学会组建科学传播专家团队 433 个，聘任推荐首席科学传播专家人数超过 600 人（其中，院士为 41 人），在库科学传播专家总人数超过 5000 人，由此可见，科学传播专家团队建设初见成效[206]。科学传播专家团队在微博、微信平台进行科普创作，以及积极参与中国科学技术协会重点活动等方面均取得一定成效。

3. 2 财力资源

3. 2. 1 科技经费投入

随着中国经济总量不断上升，综合国力不断提高，国家对科技创新日益重视，科技经费投入持续增加，为科技创新提供了重要财力保障。国家统计局、科学技术部和财政部发布的《2020 年全国科技经费投入统计公报》显示，2020 年，中国 R&D 经费投入总量突破 2. 4 万亿元，达到 24 393. 1 亿元，比上年增加 2249. 5 亿元，增长了 10. 2%，延续了“十三五”以来两位数以上的增长态势，但由于某些因素的影响，增速较上年回落 2. 3%[207]。由于 R&D 经费增速比现价 GDP 增速快 7. 2%，因此 R&D 经费投入强度（R&D 经费与 GDP 之比）达到 2. 40%，比上年提高 0. 16%，提升幅度创近 11 年来新高。

对比国际情况，中国 R&D 经费投入呈现稳中有进态势。一是总量稳定增长，2020

年，中国 R&D 经费总量约为美国的 54%，是日本的 2.1 倍，稳居世界第二；2016—2019 年，中国 R&D 经费年均净增量超过 2000 亿元，约为 G7 国家年均增量总和的 60%，成为拉动全球 R&D 经费增长的主要力量[208]。二是增速呈现全球领跑态势，2016—2019 年，中国 R&D 经费年均增长 11.8%，增速远高于美国（7.3%）、日本（0.7%）等科技强国[209]。三是追赶速度加快，在世界主要经济体中，中国 R&D 经费投入强度水平已从 2016 年的世界第 16 位提升到第 12 位，接近 OECD 国家的平均水平。

2020 年，中国企业 R&D 经费为 18 673.8 亿元，比上年增长 10.4%，占全国 R&D 经费的 76.6%，对全国增长的贡献达 77.9%，分别比上年提高 0.2% 和 9.4%。由此可见，企业拉动作用进一步增强[210,211]。

3.2.2　科普经费投入

科普经费投入数据主要来自于科学技术部《中国科技统计年鉴-2023》的科普统计数据和科学技术部发布的全国科普统计数据。数据显示，自 2010 年以来，中国在科普经费筹集额、科技馆建设、科普专、兼职人员方面的投入不断加大（见表 3-3）[212]。2022 年，全国科普经费筹集额为 191.00 亿元，科技馆数量达到 694 个，为实现“十四五”时期科普工作良好开局提供了有力支撑。

表 3-3　中国科普经费投入情况

年份	年度科普经费筹集额（亿元）	科技馆数量（个）
2010	99.51	335
2011	105.30	357
2012	122.88	380
2013	132.29	409
2014	150.02	444
2015	141.20	473
2016	152.04	488
2017	160.03	518
2018	161.14	533
2019	185.52	573
2020	171.72	661
2021	189.07	661
2022	191.00	694

科普投入结构显示（见表 3-4），当前科普经费主要依赖财政拨款[213]，2010 年至 2022 年，政府拨款占科普经费来源的比例由 68.41%上升至 80.79%。在历年科普经费的筹集额中，来自社会捐赠的资金比例不到 2%，自筹资金占比不到 22%，其他收入占比 5%左右。财政拨款占比不断提升，表明政府投资对于社会力量的引导和带动作用有限，社会化大科普的生态体系尚未建立。在科普经费筹集方面，省级和县级部门筹集经费占全国科普经费筹集总额的 31%和 41%[4]。

表 3-4　近年中国科普经费来源情况

年份	政府拨款		社会捐赠		自筹资金		其他		总额
	金额（亿元）	占比（%）	金额（亿元）	占比（%）	金额（亿元）	占比（%）	金额（亿元）	占比（%）	金额（亿元）
2010	68.08	68.41	1.37	1.38	23.80	23.92	6.26	6.29	99.51
2011	72.59	68.94	0.84	0.80	25.65	24.36	6.22	5.90	105.30
2012	85.03	69.19	0.81	0.67	30.75	25.02	6.29	5.12	122.88
2013	92.25	69.73	0.96	0.73	33.31	25.18	5.77	4.36	132.29
2014	114.04	76.02	1.60	1.07	27.28	18.18	7.10	4.73	150.02
2015	106.66	75.54	1.10	0.78	25.73	18.22	7.71	5.46	141.20
2016	115.75	76.14	1.56	1.03	27.60	18.15	7.13	4.69	152.04
2017	122.96	76.84	1.87	1.17	28.81	18.00	6.39	3.99	160.03
2018	126.02	78.20	—	—	—	—	—	—	161.14
2019	147.71	79.62	—	—	—	—	—	—	185.52
2020	138.39	80.59	—	—	—	—	—	—	171.72
2021	150.29	79.49	—	—	—	—	—	—	189.07
2022	154.30	80.79	—	—	—	—	—	—	191.00
年均	97.17	72.60	1.26	0.95	27.87	21.38	6.61	5.07	132.91

根据科学技术部发布的 2022 年度全国科普统计数据，2022 年，全国科普工作经费总额和政府投入占比持续上升[196]。其中，各级政府部门拨款 154.30 亿元，占全部经费筹集额的 80.79%。

在科普经费使用方面（见表 3-5），2022 年，科普活动支出费用为 79.83 亿元，占科普经费使用总额的 42.00%；科普场馆基建支出费用共计 27.67 亿元，占科普经费使用总额的 14.56%；县级政府是科普投入的主要力量[214]。

表 3-5　近年中国科普活动资金支出情况

年份	科普活动资金支出	
	金额（亿元）	占比（%）
2010	53. 68	53. 94
2011	58. 94	55. 97
2012	69. 49	56. 55
2013	73. 35	55. 45
2014	74. 10	49. 39
2015	84. 82	60. 07
2016	83. 74	55. 08
2017	87. 59	54. 73
2018	—	—
2019	—	—
2020	81. 63	47. 47
2021	83. 85	44. 24
2022	79. 83	42. 00

3. 3　物力资源

3. 3. 1　科技基础资源

科技基础资源是国家创新体系的重要组成部分，是科技创新的物质基础和保障[215,216]。近年来，中国科技基础资源不断丰富，平台建设持续提速[217,218]。根据科学技术部《中国科学技术发展报告（2014）》和《国家科技基础条件资源发展报告（2016）》等资料，截至 2014 年，中国国家重点实验室体系主要包括依托院校建设的 258 个国家重点实验室和依托企业建设的 99 个国家重点实验室[219,220]，累计建成国家工程技术研究中心 346 个，运行中的国家野外科学观测研究站 105 个，中国科研院所和高等院校大型科研仪器总量为 6. 1251 万台（套）[221-223]。

3. 3. 2　科技信息资源

科技信息资源是科技创新的集中体现和成果累积，中国的科技信息资源总量位于世界前列，且逐年增长。

2009 年至 2019 年 10 月，中国科技人员共发表国际论文 260.64 万篇，居世界第 2 位，数量比 2018 年增长 14.7%；论文共被引用 2845.23 万次，仅次于美国，居世界第 2 位。被引用次数位于各学科世界前 1% 的论文称为高被引论文，属于高端科技资源，2019 年，中国高被引论文数量为 3.0755 万篇，占世界份额的 20.0%，同样仅次于美国，居世界第 2 位[224]。进入世界学科前列的中国科技期刊数量持续增长，学术影响力不断提升[225,226]。根据 2019 年《中国科技期刊引证报告》，中国科技核心期刊的影响因子平均值为 0.689，2001 年以来，年均增长率为 5.8%[227,228]。2018 年，SCI 数据库收录中国科技期刊 187 种，EI 数据库收录中国科技期刊 223 种。2018 年，总被引频次进入本学科领域排名前四分之一（Q1 区）的期刊有 15 种，影响因子进入 Q1 区的期刊有 50 种[229]。

专利是科技经济融合的关键节点，能够从侧面反映一个国家的科技创新实力。根据国家知识产权局发布的《2022 年度报告》，2022 年，中国发明专利申请数量为 161.9 万件，同比增长 2.1%，其中，国内发明专利申请数量为 146.5 万件，占总量的 90.4%，同比增长 2.6%；国外在华发明专利申请数量为 15.5 万件，占总量的 9.6%，同比下降 2.0%[230]。根据世界知识产权组织（WIPO）数据，2022 年，中国国际发明专利申请数量首次突破 7 万件，自 2019 年以来，连续 4 年居世界首位。2022 年，中国全年授权发明专利数量达 79.8 万件，在《2022 年全球创新指数报告》中的排名从 2012 年的 34 位迅速提升至 2022 年的 11 位[231]。

3.3.3 科普场馆设施

中国现代科技馆体系建设进一步完善，功能进一步发挥，效果逐渐显现。根据科学技术部发布的 2022 年度全国科普统计数据，2022 年，全国有科技馆 694 个，而包括科技馆和科学技术类博物馆在内的科普场馆为 1683 个，全国范围内城市社区科普（技）专用活动室为 4.87 万个，农村科普（技）活动场地为 16.69 万个，青少年科技馆站为 569 个，科普宣传专用车为 1118 辆，流动科技馆站为 1330 个，科普宣传专栏为 25.96 万个[232]。科普场馆等基础设施建设进一步夯实，展厅面积为 622.44 万平方米，比 2021 年增加 0.19%。

科研设施面向社会开放，持续承担重要科普功能。2020 年，国家实验室、工程中心、分析测试中心、科学数据中心等科研场所向社会开放 8328 个。部分单位采用线上接待访问方式，接待人数达到 1155.52 万人次，比 2019 年增长 21.89%[196]。

除此之外，在相关政策鼓励下，更多高等院校、科研院所、企业面向公众开放科普空间，重点实验室和生产车间开放进一步推动了科普平台共建、科普资源共享。各级科普场馆的数字化建设和信息技术手段的升级为科技场馆科普现代化建设提供了有力支撑[233]。

3.3.4 科普活动

2019 年，包括科普（技）讲座、科技活动周在内的各类科普活动参加人数共计 11.49 亿人次。全国科研机构和大学开展科普活动达 1.16 万次，参观人数达 947.97 万人次。2019 年，全国举办科普活动的众创空间为 9725 个，组织创新创业培训类科普活动为 8.84 万次[234]。由此可见，科普活动的增加表明公民科学素质在近年得到大幅提升。

2020 年，科普活动通过线下与线上的方式结合，使得社会影响广泛[235]。全国各地发挥科普阵地作用，充分利用线上科普活动覆盖面广的优势，引导社会公众相信科学、依靠科学、运用科学，不断提高民众的科学文化素质。2020 年，全国线下与线上各类科普活动参与人数共计 27.36 亿人次，比 2019 年增长 138.21%，其中，组织科普（技）讲座 84.66 万次，参加人数为 16.23 亿人次，比 2019 年增长 484.68%；举办科普（技）专题展览 11.01 万次，参观人数共 3.20 亿人次，比 2019 年减少 11.15%；举办科普（技）竞赛活动 2.82 万次，参加人数为 1.84 亿人次，比 2019 年减少 19.83%。

3.3.5 科普媒体

近年来，传统媒体与新媒体联动，搭建立体化科普传播矩阵。根据科学技术部发布的 2020 年度全国科普统计数据，2020 年，全国共发行科技类报纸 1.58 亿份，出版科普图书 9853.60 万册，发行科普期刊 1.31 亿份，广播电台播出科普（技）节目 12.83 万小时，电视台播出科普（技）节目 16.46 万小时，共建设科普网站 2732 个、科普类微博 3282 个、科普类微信公众号 8632 个。

3.4 困境和挑战

3.4.1 人力资源

1. 科普专、兼职人才总量不足

企事业单位科普人才配备不足，尤其是面向基层服务的科普人才较为短缺，科普人才队伍结构不合理，因此不同类型、不同层次、不同地区的科普人才在比例和结构方面都呈现不平衡态势[236,237]。

科普专职人才数量不足，而且其综合能力未达到当代科普工作的要求，主要表现为科普专职人才所学专业单一，无法适应当前跨学科融合的形势。

科普兼职人才队伍建设还需加强，目前，科普兼职人才是在科普过程中被动参与，不同区域科普兼职人才队伍结构不均衡，具有不稳定性特征[238]。此外，科普兼职人才科普能力和科普技巧不足，而且缺乏科普创作能力，队伍缺乏有效管理。

2. 科技工作者科普能力不足

科技资源科普化需要（专、兼职）科技工作者和科普工作者两方面人才。就科技工作者而言，虽不乏热心科普事业、擅长科学传播的专家，但整体而言，在科技资源科普化的过程中，科技工作者普遍缺位，尤其一线骨干科研人员的科普积极性不高，对科普工作的认识不够，也缺乏一定的科普能力和技巧[45,121]。就科普工作者而言，受自身专业背景、科研经历等限制，接触科技资源，尤其是高端科技资源的机会不多，导致科普化实践匮乏，科技资源科普化能力很难提升，而能力不足反过来会阻碍科普质量的提高。

3. 科普人才培养体系待完善

目前尚未形成成熟的科普人才培训机制，科普人才继续教育的能力亟待提升。与其他领域从业人员继续教育相比，科普人员培训尚处于起步探索阶段，科普人员培训机会较少，对青少年科技辅导员和科学传播专家团队的培训不足，科技工作者在有效开展科普创作及科学传播、适应新形势开展科普工作等方面的培训与交流需求未能得到很好满足。由此可见，培训制度、教学大纲、课程体系等亟须建立常态化、制度化的体系。

3.4.2 财力资源

1. 科研项目缺乏科普经费支出设计

尽管从公共财政资助的角度看，每一个接受资助的科学家都有科普的责任和义务，但是为受资助科学家硬性摊派科普工作指标不现实，更不具有可操作性，尤其对资助额度小、自由探索性强的基础科学项目负责人。但是，对于资助额度较大的重大科研项目，有必要硬性要求其科技人员承担科普责任。《国家中长期科学和技术发展规划纲要（2006—2020 年）》在基础研究领域部署了 16 个国家科技重大专项，每年仅在民口安排资金的专项经费额度就达 300 亿元以上；在基础研究领域部署了蛋白质研究、纳米研究、量子调控和发育生殖研究 4 项重大科学研究计划，每年每项计划的经费达上亿元；国家“973 计划”“863 计划”的每个项目年资助资金也在千万元以上[18,33]。

虽然《关于加强科学技术普及工作的若干意见》规定，国家重大工程项目、科技计划项目和重大科技专项在实施过程中应逐步建立健全面向公众的科技信息发布机制，让社会公众及时了解、掌握有关科技知识和信息[239]，但实际情况是，中国的科研经费，无论是国家的重大专项、重大工程项目、“973 计划”“863 计划”，还是重大基金研究项目，都没有科普的经费。这就说明，重大科技项目的科普没有从源头上得到支持，科技管理部门也缺乏相应的思路和实施的具体措施[240,241]。实际上，围绕这些重大科技项目开展科普活动有两种资金投入方式：一种方式是从项目管理费中提取一部分，设立“重大项目科普”专项，由政府科普管理部门或者科技团体统一使用，定期组织和实施重大科技项目科普活动；另一种方式是在这些重大科技项目的预算中设立一定经费用于科普活动，由项目实施单位和项目承担人员分配使用。

2. 地方财政收入结构和科普投入结构不匹配

中国科普工作缺乏独立的资金来源，过度依靠政府资金[4]。在实际科普经费的筹集和使用过程中，财政收入结构和科普财政投入结构不匹配，县级财政作为科普最主要的筹集和支出力量，往往面临财政收入不足的问题，制约了科普工作的建设进程，不仅影响科普的硬件设施建设，而且影响科普设施的后期运营。尽管中国现在对科普的财政支持力度比以前大，但是科普经费缺乏依然是阻碍科普发展的一大因素[242]。

3. 科普财政投入呈现区域不平衡现象

地区财政收入的不平衡直接表现为地方对科普的投入不平衡。经济不发达的中西部地区，财政收入相对较少，面对经济建设、公共服务等诸多类别的支出，由于科普工作投入长期性和见效慢等特性，往往不会被列入地方财政的优先支出项，即使将科普投入纳入地方政府绩效考核项目，但部分地方政府限于财力，难以保证科普投入。这种财政投入的差异使得最需要加大科普投入力度的中西部地区反而得不到科普投入，进而制约了当地科普事业的发展。

3.4.3　物力资源

1. 政策支持力度不够

科技资源科普化配置涉及科研和科普两大领域，目前缺乏有效的顶层设计和机制，导致政策缺位。一方面科技资源的生产者和管理者缺乏科普化的目标和方向，另一方面适合开展科普的主体动力不足。前者要求科学有效的顶层设计和经费支持，后者主要需要激励机制。经费方面，科研项目中缺乏科普经费的制度性安排[243]。激励措施方面，尚未构建科技资源科普化的激励机制和有效的工作方式，科普工作还未列入科技工作者考核评价体系[47]，科普基金项目和科普奖项都较为稀缺，这些因素都导致科技资源科普化主体缺乏主动性。

2. 科技资源科普转化渠道不畅

科技资源科普化需要多方合作与协调，快速发展的科普组织仍然存在许多漏洞，科技资源科普化不仅是科技事业发展的内在需求，也是让公众更加理解科学，提高科学素质的客观要求。中国科技资源的相对丰富和科普化渠道的相对缺乏形成了鲜明对比。首先，科技工作者不了解参与科普工作的渠道，不清楚可以通过哪些渠道、依托哪些阵地、利用何种资源开展科普工作[244]。其次，科技成果转化为科普读物或科普出版物后，无法获得专门的出版基金支持，即使有经费支持，也存在严重的信息不对称问题。最后，日常性科普渠道的缺失导致科技工作者只能依靠科技活动周、全国科技工作者日、全国科普日等官方途径开展临时性科普活动，无法形成可持续的长效机制。

3. 科技行政部门之间协作不足

目前，中国科普工作的工作机制是中国科学技术协会统筹推进，有关部门、事业单位、企业共同推进的大联合、大协作科普工作机制。但在实际推进过程中，科普工作的主要力量是各级科学技术协会，科普人员、场地、经费、媒体和活动等分布在发改、教育、科技、工信、自然资源等多个部门，各行政部门之间协作不足[245]。这是因为除科技部门和科学技术协会外，科普工作并不是其他部门的主要任务，工作力度会受到影响。而且，以科技馆为主的科普基础设施由多个部门管理，这种分散管理的方式导致全国的科普资源无法进行统一配置，无法进行统一标准的行业考核和监测评估，不利于科技资源科普化的推进。

4. 社会多元投入主体参与不足

引导社会力量参与科普事业，广泛吸纳社会资金支持科普建设已经成为官方科普政策的重要内容，但是各种原因导致企业、社会组织、公众等多方社会力量在科普投入方面的参与度不高。科普企业往往规模小，经济实力不足，科普投入有限[246]。非科普企业往往由于税收抵扣等相应政策缺乏而对科普投入的积极性不高。社会组织往往面临发展资源受限的问题，对商业化的科普投入不太关心。公众由于自身观念等问题，在个体参与科普方面尚有不足，主要表现为公众对科普活动的参与度不高，对科普活动的志愿服务参与度不高，对科普产品和服务的支付意愿不足[247]。

5. 科普与产业融合度不高

目前，我国仍缺乏专门针对科普产业的扶持政策，加之对扶持政策认定困难，导致科普产业化不足。现有科普企业税收优惠政策多针对音像、图书等文化类企业，在实际认定过程中，科普企业能否被归为文化企业较困难，这导致科普企业不能顺利被认定为文化企业，由此不能获得相应政策支持。此外，科普企业规模普遍较小，主要依靠科普事业发展，而科普事业的公益性限制了企业提供产品的数量、形式和服务方式等，导致企业无法很好地利用市场化机制运营。

3.5 发展方向：科技经济融合

目前，对于科技资源科普化配置的作用主要体现在提升全民科学素质方面，而对其优化科技资源配置、提升产业创新升级的作用认识不深、实践不多，导致相关经费的投入动力不足、力度不够。由于缺乏必要产业关联，因此科技资源科普化难以实现产学研结合、成果转化和可持续发展。同时，人们对于科技资源本身蕴含的经济属性认识不足，这导致工作者过于强调科普的公益性而忽视了其产业结合能力。促进产业发展、推动科技经济融合是科技资源科普化配置的重要发展方向。

3.5.1 做好顶层设计，形成制度供给

科技资源科普化配置的首要工作是做好顶层设计，解决政策和动力问题。一是加强政策引导，从国家层面将“科技资源科普化配置”列入使用财政资金和建立公共资源的科研机构及重大科研项目的任务中，赋予相应科研人员必要的科普职能，从而明确任务、界定权责。二是在重大科研项目中设一定比例的科普经费，从而保障投入、激发热情。三是将科普工作纳入重点领域、重大项目的考核评价体系，从而提高认识、促进激励。四是对科普事业实 行税收优惠政策，鼓励境内外社会组织或个人通过设立基金、捐赠等方式支持科普事业，并对有突出贡献的组织和个人进行奖励[50,248,249]。

3.5.2 完善动力机制，创造良好生态

在完善制度建设、加强政策供给的基础上，为部分热情较高、意愿较强的科技工作者创造便利条件、铺设科普渠道，采取有效措施鼓励其将科研过程和科技成果转化为科普知识，进而形成对广大科技工作者的正向引导和激励作用。一方面，在职称评聘、项目申报、奖项申请等方面，对已在科普活动和科普创作方面取得一定成效的人员给予一定政策倾斜。另一方面，在科研机构中设立科普岗位，以相对固定的人员及岗位职责保障科普日常化、常态化，进一步扩大示范群体的带动作用，形成良好的科普生态，保护科技工作者投入科普工作的积极性，逐渐增强科技工作者的科普意识[250,251]。

3.5.3 完善多元供给，保障科普经费

科普事业的长期性和公益性特征决定了科普投入具有长期性特征，经过多年的科学普及，当前社会对科普的重要性已经有了一定认识，这时需要构建政府、企业、社会组织、科研工作者、公众共同参与的多元化科普投入体系。

财政经费投入方面，政府作为公共产品的主要供给者，在科普工作中需要集中有限资源用于公益性的科普活动中，致力于解决科普工作中的不均衡问题。中央财政对于地方财政的投入和带动作用较强，未来在政府投入方面，可以适当加大中央财政的投入力度，从而实现财政资金的有效带动作用。例如，通过设立中央专项资金和科普基金、加大财政转移支付等方式，确保中央财政对科普的投入。在四级财政（中央政府、省、

市、县四个层级）支出体系中，参考教育投入模式，考虑东、中、西部不同地区经济发展水平和财政力量不同，应按不同比例分配资金，例如，东部应100%配套，中、西部可以根据地方实际情况设定50%以下的配套，或者完全由中央资金支持。

在财政经费投入的同时，结合产业发展，发挥社会力量和市场作用，探索科技资源科普化资金渠道的多元化扩展，鼓励企业通过竞争方式参与公共科技资源的科普化建设，实现科普化来源的多元发展。加大对科普产业环境和科普市场的培育力度，加大对科普企业的支持力度，推动科普产业化发展。例如，在市场准入、税收、人才等方面出台相应政策支持科普企业产业化，鼓励更多企业创新科普形式，提供符合社会需求的科普产品和服务。推动对科普企业和高新技术企业的认定，推动现行各类产业优惠政策对科普企业的覆盖等，鼓励企业加大科普资金捐赠力度。

3.5.4 搭建资源网络，推动产业融合

科技创新和科技资源具有科技和经济双重属性。科技资源科普化配置需要将科技和经济两种属性融合，推动产学研全产业链发展。中国科学技术协会2020年重点建设的“科创中国”品牌，通过组织机制创新搭建技术服务与交易平台，构建资源循环的良性机制和生态系统，是产学研融合的典范。与此同时，借助科普化配置，重点在旅游、教育和传媒等产业提供服务机制、内容孵化、资源网络和创新生态，推动形成相关产业集群，这样既可以实现提升全民科学素质的目标，又可以让科技资源为经济服务、为产业服务，催生新消费需求和新业态，推动传统产业进行数字化转型，从而为经济高质量发展服务。

3.6 小结

科研成果的发表应该是一个新的科学传播的起点，科研论文发表后只有经过传播才能被公众了解，否则不少成果无法发挥实际作用。“十三五”期间，中国科普工作取得显著进展，各类科普活动参与人数不断攀升，科普人才队伍持续壮大，综合性科普场馆相继兴建，公民具备科学素质的比例达到10.56%，较2015年提高4.36%，科技创新和科学普及共同发展的格局初步形成。但中国科普现状还难以满足培育创新人才、实现高水平科技自立自强的迫切需要，科普资源配置不均衡、科技人员参与科普的程度不足、科普活动形式单一等问题依然存在。

3.6.1 科普创作：从单干到合作

2008年的一项调查表明，大多数被调查者赞同科学家参与科普创作且应成为科普创作的主体，然而实际情况却与之相反，只有少数人偶尔参与过科普创作，其影

响因素包括科研评价机制、激励制度、时间限制和语言表达等。有研究认为科普的主力军应该且必须是三类人：那些没有课题任务但有科研知识积累的人；退休且身体健康的年长科学家；愿意表达且有激情的在研科学家。其原因为：科普活动与科研活动的特征不同；只有将科普活动变为一种产业，才能建立关于科普工作者的独立评价机制；科普创作不是科学史意义上的创新活动；科普需要花费时间和精力；科普需要注意科普对象的感受。

要把庞大的科研人员队伍变为科普资源，多方合作与协作尤为重要。例如，中国科学院院士、中国工程院院士是中国科研人员的杰出代表，他们可以承担一部分科普责任，但如果让他们作为科普创作者完成科普创作，那么效果不一定好。为了改变中国高端科普图书引进版权多、原创不足的局面，中国科学院学部与中国工程院等单位联合出版《院士科普书系》。一百多位院士和七十多位科研人员直接参与创作，引起良好的社会反响，还荣获了国家科学技术进步奖二等奖。如果把科普当作一种产业，那么科普产品的创作与制作应从产业的角度进行创新。在保证科学性的基础上，要想提升高端科普产品的趣味性和可读性，就需要让科学家与策划人员、新闻媒体工作者、文学创作者等一起全流程参与从科普活动创意策划到实施再到最后反馈的全过程。

3.6.2　活动主体：从一元到多元

中国科普活动的举办主体以政府为主，随着越来越多的组织机构投入到科普事业中，科普活动的举办主体也呈现不断多元化的格局。总体看，各级政府部门仍然是科普活动的主要组织者。群团团体是科普活动组织的主要社会力量，例如，中国科学技术协会以智库、学术、科普“三轮”驱动创新发展，以国际化、信息化、协同化“三化”联动、外向拓展、纵横融合和网络活跃并进“三维”聚力为原则，促进工作流程再造和组织重构，依托 210 家全国学会和省级科学技术协会，组织并带动各级基层科学技术协会组织，从 2003 年开始，每年举办全国科普日活动和其他一些丰富多彩的科普活动。各级学术团体和基层科学技术协会组织成为全国科普日、全国科技活动周等各类科普活动的重要组织力量。高等院校、科研院所也越来越积极主动地举办和参与科普活动，例如，中国科学院公众开放日已经形成科普品牌并赢得良好的社会声誉，每年的全国科普日有多所高等院校和科研院所积极参与。

各类科普场馆、科学活动中心等本身就是具有科普性质的场所，更是常年组织开展科普活动、提供科普服务的主体，是科普活动组织实施的基层且直接的力量。同时，一些企业、基金会和非营利组织等也组织或参与科普活动。科普活动形式一般包括科普展览、科普讲座、科普竞赛、科普国际交流、青少年科技兴趣小组、科技夏（冬）令营、实用技术培训等。例如，全国科普日和全国科技活动周期间，科普活动形式多样，集科学性、艺术性、趣味性于一体，提高了公众参与的兴趣。随着中国特色科技馆体系建设、科普中国和基层科普益民行动计划等重大项目的实施，更多丰富多彩的科普活动在全国范围开展，形成了中国特色的科普活动。

3.6.3 科普对象：从少数到多数

实际上，广义的科普包括弘扬科学精神，普及科学知识，传播科学思想，倡导科学方法。但很多时候，科普的对象局限在幼儿、少儿或者文化水平不高者范围内。提到科普活动，很多人认为就是为少儿提供科普图书、科普展览，似乎科普产品的生产只是为了满足少儿科学知识普及、文化水平不高者实用知识普及的需求。为了迎合少儿阅读的需求，科普工作在内容安排、语言组织、活动形式方面都呈低龄化特征，使得科普活动成为课堂教学的补充和延伸。而西方发达国家的科普活动，很大程度上被称为“公众理解科学”活动，这里的“公众”主要指科技工作者以外的群体，特别是纳税人，他们需要了解那些接受纳税人赞助的科研人员做什么，如何做，做的这些研究将为纳税人带来怎样的收益和风险。

实际上，中国科普事业面临双重对象的挑战。当科普对象扩展到社会公众之后，无论是作为人力资源的科研人员、作为设施资源的实验室，还是作为资助来源的投入资源，在进行科普资源转化时，都应在理念方面和操作方面进行相应改变，这样科普活动的内容和范围才可进一步扩展。

3.6.4 科普投入：从末端到前端

中国科普资金渠道包括政府拨款、社会捐赠、自筹资金和其他来源，但是以政府投入为主，渠道比较单一。科普经费支出包括科普活动支出、科普场馆基建支出、行政支出和其他支出，其中，科普活动是最主要的支出，占科普资金总额的一半以上，近年来年均占55%。以科技活动周为例，中国科技活动周资金来源有政府拨款、企业赞助和其他来源，每年科技活动周的主要资金来源都是政府拨款，占经费总额的70%以上，企业赞助资金很少，只占经费总额的7%左右。这说明，现阶段中国科普活动资金仍然以政府资金投入为主，企业和其他资金投入为辅。

发达国家科普活动的资金来源更加多元，也更加重视社会资本的引入，相较而言，这样的资金更有保障。由于一些知名的科学节等科普活动经过多年运行，有专门的组织机构和长期的工作人员专职从事相关工作，因此人员相对稳定，运作更有连续性。而中国仍然是以政府出资为主，资金渠道比较单一，结构不太合理，多元化筹资机制未完全建立，企业等营利性组织投入科普活动的积极性不高，科普事业中的社会力量投入少，产业补充事业的运作不足。只有市场的“无形之手”发挥应有的作用，才能保障科普事业持续健康发展。

3.6.5　科研基地：从现场到屏幕

政府要求科研机构尽量开放各种实验室、观察站等科研基地，这样有助于科普对象走进科学现场，与科学家互动。但科研机构的开放受到接纳规模、时间、精力、财力等各因素限制，导致参与人群有限，开放效果也有限。为了解决这个问题，可以充分利用现代科技手段，发挥互联网和各种户外数字屏幕的作用，把科研基地置于电视电影屏幕、互联网、游戏、手机等第五媒体上，从而产生更好、更大的效果。

此外，政府应加大对科技新闻纪录片的支持力度，建立网上虚拟科学实验室，鼓励科学家通过在线视频定期与大众交流，把科研基地拓展为更广阔的科普空间。例如，20 世纪 70 年代至 90 年代初是中国科教电影的辉煌时期，但现在却处于艰难的调整与重生期，鲜少在荧幕上见到。目前，中国的科教电影受众更多是农村居民，主要介绍一些种植、养殖方面的实用技术，面向城市公众的主要是一些健康教育片。这样的科教电影虽然仍有一定的市场，但已经稍显落后，不能满足新一代科普对象的需要，从而出现“无人看科教影片、无人放科教影片、无人拍科教影片”的局面。科教电影应顺应数字时代的潮流，充分借鉴其他影片的先进经验，站在科研前沿，以国家重点实验室、重点野外观察站、国家工程技术中心等优秀的科研基地资源为依托，以鲜活的科技人员和科研故事为主线，利用影视制作技术和设备优势，以电视台频道、数字屏幕和互联网频道为播放舞台，创作丰富多彩的科教纪录片。

总之，科技资源科普化，不仅是开放科研基地把科普对象请进来，更应该走出去，用多种方式让科研基地面向社会公众开放。

3.6.6　科研成果：从零星到常规

重要科技成果的科普活动通常在一些重大时刻以集中展览的方式进行，例如，国庆周年科技成果展览、科技活动周等。国家每年都要颁发最高奖、自然科学奖、技术发明奖和技术进步奖，奖励在当代科学技术前沿取得重大突破或者在科学技术发展中有卓越建树的杰出科学家，奖励处于国际领先水平、得到学术界公认和广泛引用的基础科学创新成果和科学家，奖励在研究方法手段、应用科学原理和知识方面有突出特点的创造性发明和发明家，以及在技术研发、推广及产业化、大科技工程等方面有突出成果的项目及其科研人员。这些成果及其人员都是科普的重要的、巨大的和丰富的资源，可以长期利用。

多年来，对科学家的宣传集中在一小部分著名的、年长的科学家范围，而没有扩展到年轻的科学家范围。每两年举行一次的中国科学院、中国工程院院士评选活动既是科技界的大事，也是政府的大事。作为政府科普工作的一部分，应把科普活动常规化。例如，在国家科技奖颁布或者两院院士之后，选择一些典型的科学家和科技成果，尤其是那些离我们生活很近的技术发明、重大技术工艺，用通俗易懂的语言，将其中蕴含的科学知识呈现出来，揭示其中应用的技术原理，结合国际科技发展前沿、中国高新技术的发展和中国产业发展水平的实际情况，分析中国科研人员的实际贡献，制作成多种形式的科普产品，持续不断地开展科普活动。

第4章 政　策

4.1 国家层面

4.1.1 总体情况

2016年以来，国家层面与科普相关的政策主要表现为科技进步法、国民经济和社会发展规划纲要、全民科学素质行动规划纲要等法律法规和政策性文件。多元化政策工具是科普政策得以落地的有力支撑，中央级党政部门的科普政策基本是鼓励性政策，即运用覆盖策略、方法、机制、行动等各类鼓励方式，充分调动相关参与方的积极性，推动科普工作朝某一目标发展，其中，科普活动是所有政策主体最重视的政策领域[94]。

4.1.2 法律文件

2020年，中国发布的第一部流域性法律《中华人民共和国长江保护法》（见表4–1）第四十二条明确规定：国家鼓励有条件的单位开展对长江流域江豚……水菜花等水生野生动植物生境特征和种群动态的研究，建设人工繁育和科普教育基地，组织开展水生生物救护"[252]。这是最早将科普写入文件的法律。

表4–1　国家科普相关法律文件

时间	文件名称	发布单位
2020年	《中华人民共和国长江保护法》	全国人民代表大会常务委员会
2021年	中华人民共和国科学技术进步法	全国人民代表大会常务委员会

2021年，新修订的《中华人民共和国科学技术进步法》第十二条明确规定："国家发展科学技术普及事业，普及科学技术知识，加强科学技术普及基础设施和能力建设，提高全体公民特别是青少年的科学文化素质。科学技术普及是全社会的共同责任。国家建立健全科学技术普及激励机制，鼓励科研院所、高等院校、企业、社会组织、科学技术人员等积极参与和支持科学技术普及活动"[253]。

4.1.3 政策性文件

1. 国务院文件

国民经济和社会发展规划纲要是科普政策的指导性文件[254]。2016 年 3 月，《中华人民共和国国民经济和社会发展第十三个五年规划纲要》发布，明确将“公民具备科学素质的比例超过 10%”列入 2020 年奋斗目标，这标志着公民科学素质建设作为一项基础性社会工程，在国民经济和社会发展全局中具有更加重要的位置，成为全面建成小康社会和创新型国家建设的标志性工作之一[255]。2021 年 3 月，《中华人民共和国国民经济和社会发展第十四个五年规划和 2035 年远景目标纲要》（简称“十四五”规划）明确指出：弘扬科学精神和工匠精神，广泛开展科学普及活动，加强青少年科学兴趣引导和培养，形成热爱科学、崇尚创新的社会氛围，提高全民科学素质[256]。这是中国历史上第一次把科普工作列入国民经济发展五年规划，充分彰显了新时期科普工作的重要性（见表 4–2）。

表 4–2 国务院发布的科普相关政策性文件

时间	文件名称	发布单位
2016 年	全民科学素质行动计划纲要实施方案（2016—2020 年）	国务院办公厅
2016 年	中华人民共和国国民经济和社会发展第十三个五年规划纲要	国务院
2021 年	全民科学素质行动规划纲要（2021—2035 年）	国务院
2021 年	中华人民共和国国民经济和社会发展第十四个五年规划和 2035 年远景目标纲要	国务院

全民科学素质行动规划纲要是中国科普政策的顶层指导文件[257]。2016 年，国务院办公厅颁布《全民科学素质行动计划纲要实施方案（2016—2020 年）》，提出由科学技术部、中国科学技术协会牵头实施科普产业助力工程，完善科普产业发展的支持政策，推动科普产品研发与创新，加强科普产业市场培育[258]。2021 年，国务院印发《全民科学素质行动规划纲要（2021—2035 年）》，提出在“十四五”时期实施科技资源科普化工程等五项重点工程，在科技资源科普化方面明确建立并完善科技资源科普化机制、实施科技资源科普化专项行动、强化科技工作者的社会责任三项任务[100]。《全民科学素质行动规划纲要（2021—2035 年）》以提高全民科学素质和服务高质量发展为目标，以践行社会主义核心价值观、弘扬科学精神为主线，以深化科普供给侧结构性改革为重点，对当前和今后一个时期科学素质建设进行系统全面规划。

2. 全民科学素质纲要实施工作办公室文件

2016 年以来，全民科学素质纲要实施工作办公室陆续发布了各年度的全民科学素质行动工作内容（见表 4–3），为年度任务的完成提供了指导性政策[260]。2017 年 6 月，全民科学素质行动纲要实施工作办公室研究制定的《科技创新成果科普成效和创新主体科普服务评价暂行管理办法（试行）》规定：凡公共财政资助的科技创新项目成果须接受科技创新成果科普成效评价；凡与科技创新相关、依托公共财政支持的高等院校、科研院所或国有（含国有控股）企业等须接受创新主体科普服务评价。其他科技创新项目成果、创新主体可自愿申请参加科普评价[261,262]。

表 4-3 全民科学素质行动纲要实施工作办公室相关政策性文件

时间	文件名称
2016 年	关于开展科普经费专项检查的通知
2016 年	关于印发《2016 年全民科学素质行动工作要点》的通知
2017 年	关于印发《科技创新成果科普成效和创新主体科普服务评价暂行管理办法（试行）》的通知
2017 年	关于印发《2017 年全民科学素质行动工作要点》的通知
2018 年	关于印发《2018 年全民科学素质行动工作要点》的通知
2020 年	关于印发《2020 年全民科学素质行动工作要点》的通知

3. 中国科学技术协会文件

中国具有以中国科学技术协会为主导的自上而下的科普动员系统和科学传播组织体系（见表 4-4）。国家科普相关政策基本是以中国科学技术协会为中心的科普政策体系，政策格局是以科学技术协会组织为领军，以教育部门和科技管理部门为中坚力量，以相关业务部门为落地支撑的结构，这些政策是各层级部门根据本部门实际情况对国家系统性纲领文件的分解与具体化[94]。各党政部门政策通过直接或间接的方式力图在分配相关科普资源，解决与社会发展需求相适应且涉及科学技术的相关问题，以及规范科普工作相关行为方面发挥引导、扶持作用，更多强调从指导层面来增强具体工作的可操作性，从而使国家纲领性文件设计的各着力点能够通过部门工作承接和落实。

全国科技活动周、全国科普日、全国科技工作者日等活动已成为中国开展科普活动的主要形式[263,264]。全国科技活动周主要由科学技术部、中共中央宣传部、中国科学技术协会等联合举行。全国科普日影响范围逐渐扩大。2016 年，中国科学技术协会、教育部、科学技术部、中国科学院四部门联合发文举办 2016 年全国科普日活动[265]。2017 年，联合发文单位已扩展至中国科学技术协会、教育部、科学技术部、环境保护部（2018 年改为生态环境部）、农业部（2018 年改为农业农村部）、中国科学院、国家能源局七家单位[266]。之后，每年全国科普日活动的联合主办单位都有所增加，2021 年，全国科普日活动联合发文单位已扩展至中国科学技术协会等 13 家单位[267]，而 2022 年，全国科普日活动联合发文单位扩展至 18 家单位[268]。

表 4-4　中国科学技术协会发布的科普相关政策性文件

时间	文件名称	发布单位
2016 年	关于印发《中国科协科普发展规划（2016—2020 年）》的通知	中国科学技术协会
2017 年	《关于开展科普中国·百城千校万村行动的意见》	中国科学技术协会
2021 年	《现代科技馆体系发展“十四五”规划（2021—2025 年）》	中国科学技术协会
2021 年	关于印发《中国科协关于新时代加强学会科普工作的意见》的通知	中国科学技术协会
2021 年	关于印发《中国科协科普发展规划（2021—2025 年）》的通知	中国科学技术协会
2021 年	关于印发《现代科技馆体系发展“十四五”规划（2021—2025 年）》的通知	中国科学技术协会
2016 年	关于印发《科普中国内容数据汇聚与分享使用管理办法（暂行）》的通知	中国科学技术协会办公厅
2017 年	关于印发《中国流动科技馆项目管理试行办法》的通知	中国科学技术协会办公厅
2020 年	关于印发《2021—2025 年度全国科普示范县（市、区）标准（2020 年修订）》的通知	中国科学技术协会办公厅
2021 年	关于加强科普标准化工作的通知	中国科学技术协会办公厅
2021 年	关于开展 2021—2025 年度全国科普教育基地创建工作的通知	中国科学技术协会办公厅
2016 年	关于做好 2016 年防灾减灾日有关工作的通知	中国科学技术协会科普部
2017 年	关于印发《中国科协 2017 年科普工作要点》的通知	中国科学技术协会科普部
2018 年	关于印发《中国科协 2018 年科普工作要点》的通知	中国科学技术协会科普部
2019 年	关于组织实施科普中国共建基地项目的通知	中国科学技术协会科普部
2020 年	关于开展 2020 年全国学会科普工作考核的通知	中国科学技术协会科普部
2016 年	关于举办 2016 年全国科普日活动的通知	中国科学技术协会、教育部、科学技术部、中国科学院
2017 年	关于举办 2017 年全国科普日活动的通知	中国科学技术协会、教育部、科学技术部、环境保护部、农业部、中国科学院、国家能源局
2017 年	关于开展 2017 年全国农民科学素质网络知识竞赛活动的通知	中国科学技术协会办公厅、农业部办公厅、国家卫生计生委办公厅、中华全国妇女联合会办公厅、共青团中央办公厅
2017 年	关于印发《科技馆活动进校园工作“十三五”工作方案》的通知	中国科学技术协会办公厅、中央文明办秘书局、教育部办公厅
2017 年	关于举办第六届中国科普摄影大赛的通知	中国科学技术协会科普部、山西省科学技术协会

续表

时间	文件名称	发布单位
2019 年	关于印发《乡村振兴农民科学素质提升行动实施方案（2019—2022 年）》的通知	中国科学技术协会、农业农村部
2019 年	关于举办 2019 年全国科普日活动的通知	中国科学技术协会、中共中央宣传部、教育部、科学技术部、农业农村部、国家卫生健康委员会
2021 年	关于利用科普资源助推“双减”工作的通知	教育部办公厅、中国科学技术协会办公厅
2021 年	关于印发《2021 年度科普中国创作指南》的通知	中国科学技术协会办公厅、中国科学院办公厅
2021 年	关于举办 2021 年全国科普日活动的通知	中国科学技术协会等 13 部门
2022 年	关于举办 2022 年全国科普日活动的通知	中国科学技术协会等 18 部门

4.2　地方层面

4.2.1　总体情况

各省、自治区、直辖市及部分城市积极推动科普工作和科技资源科普化，促进全民科学素质提升，由此制定了省级科普条例或办法，沈阳、南京、杭州、广州等城市还制定了市级科普条例（见表 4–5）。

表 4–5　地方发布的科普相关法规和政策性文件

时间	文件名称	发布单位
1998 年	北京市科学技术普及条例	北京市人民代表大会常务委员会
1997 年	天津市科学技术普及条例	天津市人民代表大会常务委员会
1995 年	河北省科学技术普及条例	河北省人民代表大会常务委员会
2007 年	山西省实施《中华人民共和国科学技术普及法》	山西省人民代表大会常务委员会
2002 年	内蒙古自治区科学技术普及条例	内蒙古自治区人民代表大会常务委员会
2011 年	辽宁省科学技术普及办法	辽宁省人民政府
2005 年	黑龙江省科学技术普及条例	黑龙江省人民代表大会常务委员会
1998 年	江苏省科学技术普及条例	江苏省人民代表大会常务委员会，2001 年修正
2006 年	浙江省科学技术普及办法	浙江省人民政府

续表

时间	文件名称	发布单位
2009年	安徽省科学技术普及条例	安徽省人民代表大会常务委员会
2007年	福建省科学技术普及条例	福建省人民代表大会常务委员会
2007年	江西省科学技术普及条例	江西省人民代表大会常务委员会
2003年	山东省科学技术普及条例	山东省人民代表大会常务委员会
2014年	山东省社会科学普及条例	山东省人民代表大会常务委员会
2003年	河南省科学技术普及条例	河南省人民代表大会常务委员会
2016年	河南省社会科学普及条例	河南省人民代表大会常务委员会
2006年	湖北省科学技术普及条例	湖北省人民代表大会常务委员会
1998年	湖南省科学技术普及条例	湖南省人民代表大会常务委员会
2015年	湖南省社会科学普及条例	湖南省人民代表大会常务委员会
2021年	广东省科学技术普及条例	广东省人民代表大会常务委员会
2005年	广西壮族自治区科学技术普及条例	广西壮族自治区人民代表大会常务委员会
2008年	重庆市科学技术普及条例	重庆市人民代表大会常务委员会
2012年	四川省科学技术普及条例	四川省人民代表大会常务委员会
2002年	贵州省科学技术普及条例	贵州省人民代表大会常务委员会
2003年	云南省科学技术普及条例	云南省人民代表大会常务委员会
2005年	西藏自治区实施《中华人民共和国科学技术普及法》	西藏自治区人民代表大会常务委员会，2019年修正
2000年	陕西省科学技术普及条例	陕西省人民代表大会常务委员会
2010年	甘肃省科学技术普及条例	甘肃省人民代表大会常务委员会
2006年	青海省科学技术普及条例	青海省人民代表大会常务委员会
2000年	宁夏回族自治区科学技术普及条例	宁夏回族自治区人民代表大会常务委员会
2001年	新疆维吾尔自治区科学技术普及条例	新疆维吾尔自治区人民代表大会常务委员会
2000年	沈阳市科学技术普及条例	沈阳市人民代表大会常务委员会
2009年	南京市科学技术普及条例	南京市人民代表大会常务委员会
2015年	杭州市科学技术普及条例	杭州市人民代表大会常务委员会
1999年	广州市科学技术普及条例	广州市人民代表大会常务委员会

山东省、河南省、湖南省发布了《山东省社会科学普及条例》《河南省社会科学普及条例》《湖南省社会科学普及条例》。天津市2021年修订了《天津市科学技术普及条例》，广东省2021年发布了《广东省科学技术普及条例》[269]。部分省份采用印发办法

文件的方式对科普工作提出要求。例如，辽宁省、浙江省等[270]。

4.2.2　北京

北京地区科技资源丰富，积极推动多元创新主体参与科普，高等院校、科研院所、企事业单位、重点实验室、工程实验室、工程技术研究中心，以及各类国家级、北京市级科技创新平台共同构成庞大的创新主体[46,271]。北京市科学技术协会作为主要力量，推动北京市多个科普品牌活动和全民科学素质建设工作实施。2018 年 12 月，为实现科技创新资源向科普研学资源的转化，由中国科普研究所、中国科普作家协会、亚欧科技创新合作中心等 24 家科研院所、科技类企事业单位、社会团体共同发起的公益性科普平台——科普研学联盟在京成立。通过有效的联盟机制搭建研学服务平台可促进科普研学事业发展。

1. 科普品牌

北京市科学技术协会打造并形成北京科学嘉年华、北京科学传播大赛、首都科普基层行等系列科普活动品牌，以及北京科学中心、蝌蚪五线谱、京津冀科学教育馆联盟等科学传播融媒体矩阵。

（1）北京科学嘉年华于每年 9 月第三周举办，是面向社会公众开展的大型集成化综合科普品牌活动，也是全国科普日北京主场活动的重要组成部分。这个活动坚持“政府主导、社会协同、群众参与”，突出社会化、数字化、国际化、普惠性特点，以展览展示、互动体验、论坛交流、云端活动等形式，动员和组织社会力量共同参与，为公众搭建学习、体验、感受科学的平台。自 2011 年以来，北京科学嘉年华已成功举办多届，吸引 30 多个国家和地区的科普机构进行互动体验，带动全市群众性科普活动广泛开展。

（2）北京科学传播大赛指北京市公民科学素质大赛、北京讲解大赛、北京科普文化创意设计大赛、北京科幻创作创意大赛等赛事活动。

（3）首都科普基层行以科普服务基层为导向，以均衡区域科普工作发展为核心，推动优质科普资源整合下沉，重点面向 16 区街道（乡镇）、社区（村）进行优秀科普资源宣传推广。

（4）北京青少年科技创新大赛是全国青少年科技创新大赛和英特尔国际科学与工程大奖赛的联席赛事，是一项大型的具有示范意义的青少年科技活动，其主要包括竞赛活动和展示活动两个系列[272,273]。

（5）北京国际科学传播交流周的活动包括北京中外科技馆馆长对话会、北京国际科学节圆桌会议、北京国际科技电影展等，是推动国际科学传播经验互鉴和资源共享的品牌活动。

（6）科学跨年系列活动在每年元旦和春节“两节”期间举办，以“引领科学传播新风尚，打造科技文化新品牌”为主题，全面统筹科学跨年之夜、北京市公民科学素质大赛年度总决赛、北京国际科技电影展、年度“科学”流言求真榜发布、北京科学中心科学时光趴等科技科普活动，让科学家走上节庆荧幕，让院士专家入网开讲，创科技科普新路，引科学跨年新风，树文明实践先导，形成科技文化融合发展的科学跨年知名品牌，赋能新时代首都发展。

（7）“全国科技工作者日”系列活动于每年 5 月举办，以宣扬科技工作者先进典型、展示科技工作者创新成果、展现科技工作者为民情怀、呈现科技工作者精神面貌为主要内容，激发科技工作者创新报国、引领发展，以及投身建设世界重要人才中心和创新高地的使命感和责任感，服务国际科技创新中心建设，推动实现高水平科技自立自强[274-276]。该系列活动与北京其他活动联动，包括全国科技工作者日宣传月、科技科普主题宣传月、北京科技周系列活动、首都学术系列活动等。

（8）全国青年科普创新实验暨作品大赛（北京赛区）于每年 1—5 月举办，包括“创意作品”和“科普实验”两个单元，重点关注科学技术前沿及科学教育理念的应用与普及，考察青少年“发现问题、解决问题及动手实践”能力，动员和激励广大学生参与科普创作，促进科学思想、科学精神、科学方法和科学知识的传播和普及[277]。

（9）推广院士专家讲科学活动。北京市科学技术协会主办的科学传播品牌项目邀请中国科学院、中国工程院的院士和高等院校、科研院所的专家举办不同学科、不同领域的科普讲座[278]。2019 年，该项活动获“首都未成年人思想道德创新案例”，2020 年入选中国科学技术馆、北京市教育委员会等单位主办的“见字如面·对话未来”云端科学课，2021 年出版的《遇见科学——院士专家讲科学》科普丛书被评为第二届“书香科协”优秀图书。

（10）首都青少年科幻嘉年华活动发挥北京科技创新和文化创意资源优势，聚焦青少年科普科幻教育和青少年科幻创意创作，在全市范围内广泛开展内容丰富、形式多样的科幻交流活动，促进科学与文明交融，引进培育科幻创意人才，激发创新创造活力，夯实科幻发展基础，营造科幻发展生态，促进首都科幻产业发展，为加快建设国际科技创新中心发挥积极作用。首都青少年科幻嘉年华活动包括北京科幻创作创意大赛、首都青少年科幻世界、“北京青少年科技创新大赛”科幻画获奖作品展、首都青少年科幻教育校园行、北京青少年科幻国际论坛等活动。

（11）首都科普剧团为“非实体、联盟式、平台型”组织，联合社会科普创作与表演机构，以打造优质科普剧目为主要科普产品的研发阵地，致力于推动科学与文化、科学与艺术的融合，培养具有科学精神的青少年创新人才，研发具有科学性、互动性、艺术性的创新型科普资源。该组织由 40 余家科普和演艺机构，百余名科普专家、演职人员、艺术家组成，先后资助科普剧 25 部，开展演出活动 117 场。

（12）北京流动科学中心指具备科学中心的展览教育模式和基本功能，采用小型化、模块化的互动展品及其他科普资源，在基层特别是科普基础设施相对匮乏的区域进行流动展出的公益性基础设施。

（13）科普中央厨房具有整合首都地区科普资源的优势，打造以科普机构为使用对象、满足公众多样化需求的科普信息服务平台。针对不同公众、不同机构的需求和特点，打造精细分类资源汇聚和搜索平台、科普众创交易平台和科普网上超市，共设置文字、视频、音频、挂图、试题、专家 6 大类资源，前沿科技、基础科学、精准辟谣、天文地理、生态环保、健康医疗、运动科学、生活常识、应急避险、环境气候、航空航天等 23 个热点栏目。

2. 全民科学素质建设

（1）《北京市全民科学素质行动规划纲要（2021—2035 年）》提到，到 2025 年，北京市公民具备科学素质的比例达到 28%；到 2035 年，北京市公民具备科学素质的比例与国际创新型城市持平。“十四五”时期，按照突出科学精神引领、坚持首善标准、坚持协同推进、深化供给侧结构性改革、扩大开放合作五个原则，推动全民科学素质建设工作落实，重点开展面向青少年、农民、产业工人、老年人、领导干部和公务员五大重点人群的科学素质提升行动，实施科技资源科普化、科普智慧提升、创新文化发展、科普基础设施建设、基层科普能力提升、科学素质交流合作六项重点工程[279]。

（2）建设科技馆之城。为充分利用首都地区丰富的科技科普资源，深入挖掘“创新之城”的内在价值和外在潜力，推进文化中心建设，推动“首都科技馆之城”建设，发挥专业科技馆的示范作用，整合社会科技科普场所资源，发展非专业科技馆，构建合理规划、有效实施、科学评价、充分保障的运行机制，形成“纵向一体、横向协同”的科技馆体系新型网状发展格局，发挥政府主导和社会组织的协同作用，搭建场馆枢纽，以交流合作和信息化手段实现资源、育才、活动联动，促进科技馆科普资源共建共享，提升科技馆科普服务能力[280,281]。此外，北京还强化科技馆之城建设的内联外引功能，优化科技场馆发展生态，推进科技场馆开放共享和资源融通，构建以科技馆之城为依托的科技科普公共服务体系[282]，促进科技、科普与文化、旅游融合发展，促进科技科普资源助推“双减”工作，促进“银龄 e 享”科技惠老科普行动，促进新时代文明实践和乡村振兴，促进科技资源科普化工程建设，促进创新文化发展工程建设，促进科学素质建设国际交流合作。

（3）科技科普与文化旅游融合发展。北京建立“科文旅联合体”及协调推进机制，构建横向跨界交流平台融合发展网络，支持科文旅部门、科研院所、科技企业等进行数字化升级、资源建设、课程开发等，打造品牌活动，促进“科文旅联合体”体验场所的跨界合作、融合发展和开放共享，推动科技、科普、文化、旅游之间相互赋能。

（4）利用科普资源助推“双减”工作。北京组建首都科普专家服务团，精选科学家精神教育资源、科普课程、科普活动、科技科普专家等优质资源服务学校科技教育，鼓励学生开展科学实践活动，加强学校科学类课程教师培训，试点推行科技副校长机制。

（5）科技助力乡村振兴。北京发挥全市科学技术协会系统的人才优势和组织优势，加大乡村振兴科技供给和人才支撑，提升农民科学素质，助推农业高质量发展和农业农村现代化发展。此外，着力建设“科技助力乡村振兴工作站”，开展科技资源对接、科技人才培养、科学技术普及等活动。

（6）北京市科普基地命名。北京市科普基地指在北京市行政区域内，由政府、事业单位、企业、社会组织兴办，面向社会开放，在科学传播、科普创作、科普活动、科普展教品开发、科普知识培训等方面发挥引领、带动和辐射作用的场所或机构，是北京市科普事业发展的重要阵地。北京市科普基地包括科技场馆、科普研发和科技传播三类基地，由北京市科学技术委员会、中关村科技园区管理委员会和北京市科学技术协会共同命名。

（7）举办优秀科普创作资源评选活动，发布优秀科普图书推荐书目，开展科普阅读推广活动[254]。

4.2.3 上海

上海地区以上海市科学技术协会为主，打造上海科学技术协会、上海基层党建、上海科技馆等微科普矩阵，同时建立百余家科普社区书院。2019 年 7 月 19 日，上海市委组织部与上海市科学技术协会联合发布《关于加强党建引领基层科协建设的意见》，以社区居民教育、医疗、养老等民生问题为切入点，以打造社区书院基层科普服务为“党建+科建”的落地新模式，服务基层，把科普工作主动融入城市基层党建工作体系，发挥好市、区、街镇三级科学技术协会作用[285,286]。

社区书院借鉴高等院校“书院制”学科渗透、多元互补、打通资源的核心理念，建设点覆盖全市 16 个区，落地在党群服务中心、园区、校区、商圈等场所，在充分发挥党建引领的组织优势基础上，以“党建引领、科技特色、资源融合、群众喜爱”为目标，形成“家门口、点单式、社会化”的特色，通过共建共治共享全市各区现有各类基层活动场所，努力践行“人民城市人民建，人民城市为人民”重要理念，形成 15 分钟科普生态圈和公共科学文化阵地。

2022 年 3 月 15 日，上海市科普工作联席会议办公室印发《上海市科普事业“十四五”发展规划》，明确工作目标为：力争到 2025 年，建设 3 个国际一流的科普场馆，10 个左右国内领先的科普场馆，向公众推荐原创（含译著）优秀科普作品不少于 100 部，创制具有较强社会影响力的科普影视作品 5 部以上，打造 1 个具有国内外较强影响力的城市科技活动，培育 5 个以上具有较强影响力和公众美誉度的科普活动品牌[287]。

在经济支持方面，上海市从税收优惠和科普项目经费等方面支持科普工作[288]。2004 年 6 月 1 日，上海市科学技术委员会、上海市财政局、上海市国家税务局、上海市地方税务局、上海海关、上海市新闻出版局等联合发布《上海市科普税收优惠政策实施细则》，从税收改革方面支持科普事业发展[289]。2023 年 3 月，上海市发布 2023 年度“科技创新行动计划”科普专项项目申报指南，涵盖科普能力提升、学会赋能科普行动、科普出版作品等 8 个专题[290]。

4.3　行业层面

4.3.1　总体情况

总体来说，科普政策覆盖面广，各部门政策各具特色。各部门中，科学技术部和科学技术协会组织制定的科普政策涉及范围更广，对内容、途径、方法、人力、物力、监督等不同政策作用领域均实现较大力度发力且均衡化覆盖。科普基地是各行业主要科普工作场所，水利、气象、生态环境、自然资源、交通、体育等行业均联合制定了科普基地管理办法。

4.3.2　科学技术部

科学技术部联合相关部门印发了一些政策文件和科普相关活动的通知（见表 4-6）。2017 年 5 月，科学技术部和中共中央宣传部制定了《“十三五”国家科普与创新文化建设规划》，提出以公众科普需求为导向，以多元化投资和市场化运作的方式，推动科普展览、科技教育、科普展教品、科普影视、科普书刊、科普音像电子出版物、科普玩具、科普旅游、科普网络与信息等科普产业的发展[291]。

表 4-6　科学技术部发布的科普相关政策性文件

时间	文件名称	发布单位
2017 年	关于举办 2017 年科技活动周的通知	科学技术部、中共中央宣传部、中国科学技术协会
2017 年	关于印发《“十三五”国家科普与创新文化建设规划》的通知	科学技术部、中共中央宣传部
2018 年	关于公布 2018 年全国优秀科普作品名单的通知	科学技术部
2018 年	关于举办 2018 年全国科普讲解大赛的通知	科学技术部办公厅
2018 年	关于举办 2018 年全国科普微视频大赛的通知	科学技术部办公厅、中国科学院办公厅

续表

时间	文件名称	发布单位
2018 年	关于举办 2018 年全国科技活动周的通知	科学技术部、中共中央宣传部、中国科学技术协会
2020 年	科技部办公厅关于举办 2020 年全国科普讲解大赛的通知	科学技术部办公厅
2021 年	科技部关于开展 2020 年度全国科普统计调查工作的通知	科学技术部
2022 年	关于印发《“十四五”国家科学技术普及发展规划》的通知	科学技术部、中共中央宣传部、中国科学技术协会

4. 3. 3 财政部

财政部从税收政策方面支持科普事业发展（见表 4–7）[292–295]。2021 年，财政部、海关总署、国家税务总局联合印发通知，出台了“十四五”期间支持科普事业发展的进口税收政策，自 2021 年 1 月 1 日至 2025 年 12 月 31 日，对科技馆、自然博物馆等科普单位进口科普影视作品及国内不能生产或性能不能满足需求的科普仪器设备等科普用品，免征进口关税和进口环节增值税[296]。同年，财政部联合中共中央宣传部、科学技术部、工业和信息化部、海关总署、国家税务总局、国家广播电视总局等单位印发了《关于“十四五”期间支持科普事业发展进口税收政策管理办法的通知》[297]。

表 4–7 财政部发布的科普相关政策性文件

时间	文件名称	发布单位
2021 年	关于“十四五”期间支持科普事业发展进口税收政策的通知	财政部、海关总署、国家税务总局
2021 年	关于“十四五”期间支持科普事业发展进口税收政策管理办法的通知	财政部、中共中央宣传部、科学技术部、工业和信息化部、海关总署、国家税务总局、国家广播电视总局

4. 3. 4 自然资源部

自然资源部及其下属单位在科普规划、科普基地方面也印发了一些文件（见表 4–8），比如，2017 年，中国地质调查局印发《中国地质调查局科学技术普及规划（2017—2020 年）》[298]；2021 年，自然资源部下属单位国家林业和草原局联合科学技术部印发《国家林草科普基地管理办法》，并开展首批国家林草科普基地申报认定工作[299]；自然资源部联合科学技术部印发《国家自然资源科普基地管理办法（试行）》，主要目的是引导和规范国家自然资源科普基地建设和运行管理[300]。

表 4-8 自然资源部发布的科普相关政策性文件

时间	文件名称	发布单位
2017 年	中国地质调查局科学技术普及规划（2017—2020 年）	中国地质调查局
2021 年	国家林草科普基地管理办法	国家林业和草原局、科学技术部
2021 年	国家林业和草原局办公室 科学技术部办公厅关于开展首批国家林草科普基地申报认定工作的通知	国家林业和草原局办公室、科学技术部办公厅
2021 年	国家自然资源科普基地管理办法（试行）	自然资源部、科学技术部

4.3.5 生态环境部

2019 年，生态环境部联合科学技术部印发《国家生态环境科普基地管理办法》（见表 4-9），旨在提升全民生态环境意识和科学素质，规范国家特色科普基地建设和运行管理，向公众普及生态环境科技知识，宣传生态文明建设成就[301]。

表 4-9 生态环境部发布的科普相关政策性文件

时间	文件名称	发布单位
2019 年	国家生态环境科普基地管理办法	生态环境部、科学技术部

4.3.6 交通运输部

2020 年，交通运输部联合科学技术部印发《国家交通运输科普基地管理办法》（见表 4-10）[302]。

表 4-10 交通运输部发布的科普相关政策性文件

时间	文件名称	发布单位
2020 年	国家交通运输科普基地管理办法	交通运输部、科学技术部

4.3.7 水利部

2015 年，水利部办公厅印发《国家水情教育基地设立及管理办法》[303]。2018 年，水利部联合共青团中央和中国科学技术协会修订印发《国家水情教育基地管理办法》，并组织开展国家水情教育基地申报工作[304]。2021 年，水利部联合共青团中央和中国科学技术协会印发《关于加强水利科普工作的指导意见》（见表 4-11），提出要强化水利科普供给、开放共享水利科普资源、推动建设水利科普基地、创新水利科普方式、打造水利科普特色活动、加强水利科普队伍建设、加强水利科普国际交流合作，从而进一步强化水利科普供给[305]。

表 4-11 水利部发布的科普相关政策性文件

时间	文件名称	发布单位
2015 年	国家水情教育基地设立及管理办法	水利部办公厅
2018 年	国家水情教育基地管理办法	水利部、共青团中央、中国科学技术协会
2021 年	关于加强水利科普工作的指导意见	水利部、共青团中央、中国科学技术协会

4.3.8 国家体育总局

2021 年，国家体育总局联合科学技术部印发《国家体育科普基地管理办法》（见表 4-12）[306]。

表 4-12 国家体育总局发布的科普相关政策性文件

时间	文件名称	发布单位
2021 年	国家体育科普基地管理办法	国家体育总局、科学技术部

4.3.9 中国气象局

2019 年，中国气象局联合科学技术部印发《国家气象科普基地管理办法》（见表 4-13）[307]。

表 4-13 中国气象局发布的科普相关政策性文件

时间	文件名称	发布单位
2019 年	国家气象科普基地管理办法	中国气象局、科学技术部

4.3.10 中国科学院

中国科学院的科普工作开展较早，建立了相对完善的科普工作政策体系（见表 4-14）[308]。2015 年，中国科学院联合科学技术部印发《关于加强中国科学院科普工作的若干意见》，并印发《国家科研科普基地管理办法（试行）》[309,310]。2016 年，中国科学院印发《中国科学院“十三五”科学传播发展规划纲要》《中国科学院科学传播工作管理办法》，部署了“十三五”阶段的科学传播工作[311,312]。2017 年 12 月，中国科学院印发《关于在我院研究生教育中实施科普活动学分制的通知》，规定科普实践课计入中国科学院研究生的学分，实施情况计入各单位科普工作考核绩效，这是全国第一份关于在研究生中实施科普活动学分制的文件[313]。2018 年，中国科学院办公厅印发《中国科学院科学传播奖管理办法》，明确规定对科学传播工作进行奖励[314]。

表 4-14　中国科学院发布的科普相关政策性文件

时间	文件名称	发布单位
2015 年	关于加强中国科学院科普工作的若干意见	中国科学院、科学技术部
2015 年	国家科研科普基地管理办法（试行）	中国科学院科学传播局
2016 年	中国科学院“十三五”科学传播发展规划纲要	中国科学院
2016 年	中国科学院科学传播工作管理办法	中国科学院
2017 年	关于在我院研究生教育中实施科普活动学分制的通知	中国科学院科学传播局、中国科学院前沿科学与教育局
2018 年	中国科学院科学传播奖管理办法	中国科学院办公厅
2019 年	中共中国科学院党组关于进一步加强科学传播工作的通知	中国科学院
2021 年	关于印发《2021 年度科普中国创作指南》的通知	中国科学技术协会办公厅、中国科学院办公厅

4.4　中央企业

国务院国资委管理的中央企业开展了较多科普实践工作，尤其是在航空航天、核能、水电等方面。总体来看，中央企业落实相关政策的实践工作较多，但制定的科普相关政策较少。

4.4.1　中国公众科学素质促进联合体

中国公众科学素质促进联合体是由致力于提升公众科学素质的企业、媒体、学会、学校、科研文化机构等发起并自愿组成的联合体组织。2019 年 12 月 18 日，在中国科学技术协会的倡导下，125 家具有重要影响力的企业、媒体、学会、高等院校、科研文化机构共同发起并成立中国公众科学素质促进联合体，旨在探索中国科普事业新模式，打造社会化科普新引擎[315]。相关联合体单位中，企业类的单位大多为中央企业。

中国公众科学素质促进联合体致力于科普生态系统能力整合，发挥成员多样性及各自社会影响力优势，实现功能互补、良性互动，为科普发展创造新机遇，拓展新空间，开辟新模式，打造新引擎，促进科普与经济、社会、文化、生态文明融合共生，实现合作共赢，为本行业、本领域科普工作提供示范作用，其主要任务包括推动政策实施和评估、开展重大科普活动、表彰奖励科普典型事例和人物、推动深度合作交流、促进事业产业融合发展等。

4.4.2　中国企业公益科普联合倡议

2021 年 12 月 27 日，22 家中央企业和民营企业共同发布《“科学素质赋能 科技自立自强”中国企业公益科普联合倡议》（简称《倡议》）。《倡议》是在国务院国资委、中华全国工商业联合会和中国科学技术协会指导下，由中国航天科技集团有限公司、中国电子科技集团有限公司、中国航空发动机集团有限公司、中国石油化工集团有限公司、中国机械工业集团有限公司、哈尔滨电气集团有限公司、有研科技集团有限公司、中国农业发展集团有限公司、小米科技有限责任公司、荣民控股集团有限公司、新奥集团股份有限公司、联想集团、内蒙古伊利实业集团股份有限公司、河南济源钢铁（集团）有限公司、复星国际有限公司、上海均瑶（集团）有限公司、科大讯飞股份有限公司、国维财富投资集团有限公司、北京天辰时代文化艺术发展有限公司、阿里巴巴集团控股有限公司、北京三快在线科技有限公司（美团）和中国科学技术出版社有限公司自愿发起的倡议，旨在推动科普事业高质量可持续发展，共同探索公益科普新合作方式，助力科学素质赋能，为提高全民科学素质、建设创新型国家和世界科技强国、实现中华民族伟大复兴贡献力量。

4.4.3 国务院国资委与中国科学技术协会全面战略合作协议

2022 年 2 月 14 日，国务院国资委和中国科学技术协会举行座谈会并签署全面战略合作协议，推动中央企业充分发挥科技资源优势，更好参与科普工作，助力全民科学素质提升。

4.5 实施成效

2016 年以来，中国的科普事业稳步发展，在相关政策推动下，公民科学素质建设、国家科普能力建设和科普生态建设都取得了巨大成就，尤其是在推动经济社会发展、全面建成小康社会的过程中发挥了重要的科普作用，这使得中国创新发展的科普之翼更加强劲有力。

4.5.1 公民科学素质快速提升

中国科普研究所第十一次全民科学素质调查报告显示，2020 年，中国公民具备科学素质的比例达 10.56%，根据国际创新型国家公民科学素质的标准，中国如期进入创新型国家行列[316]。2022 年，国民经济和社会发展统计公报显示，中国公民具备科学素质的比例已达到 12.93%[317]。公民科学素质快速稳步提升，为立足新发展阶段、贯彻新发展理念、构建新发展格局、实现高质量发展和建设世界科技强国，奠定了高素质的人力资源基础，增强了人才队伍保障[318,319]。随着公民科学素质快速提升，科学普及工作进入新发展阶段，其内涵、功能、性质和作用都发生了深刻变化。科普内涵从科技知识的普及和传播转化为科学精神弘扬、价值引领和政治引领。科普功能从素质提升转化为社会环境改造，形成崇尚科学、激励创新的生态。科普性质更加突出政治性、科学性和群众性。科普的作用更加重要，成为与科技创新同等重要的促进社会经济高质量发展的手段。

4.5.2 国家科普能力稳步提高

国家科普能力体现了一个国家面向公众提供科普产品和公共服务的综合实力，这在推动全民科学素质提升和国家经济社会发展中发挥了基础性作用[148,320]。国家科普能力既是公民科学素质建设的基础，又是科学文化的功能体现，只有科学的设施、制度、理念、价值等功能强大，才能达到“以文化人”、培育高尚精神的效果。中国科普研究所国家科普能力研究课题组研究结果表明，自 2006 年以来，中国科普能力呈现稳步提升态势，其中，构成科普能力重要因素的科普基础设施和科学教育环境发展指数提升较快，前者从 2006 年的 1.00 提升到 2018 年的 2.86，后者从 1.00 提升到 3.25。“十三五”期间，中国科普能力发展指数稳步提升，2020 年达到 2.84，比 2015 年增长约 40%。同期，科普人员指数由 1.9 增长至 2.53，增长率约为 25%。5 年来，中国科普经费总额绝对规模扩大，科技类教育活动的社会影响获长足提升，科普作品形式不断丰富，线上科普成效日益显著[321]。

由此可见，中国公民的科学素质建设尤其是科学文化建设空间巨大，如果能在科普人才、科普创作、科普活动开展和传播方面进行针对性投入，那么将会补齐“木桶效应”的短板，进一步提升公民科学素质。

4.5.3 科普生态持续优化

科普信息化水平的提高可促进传播媒介向智慧化、多样化方向发展。以互联网为代表的新兴信息技术不断提高科普传播效率，促使科普服务水平优化，各类科普设施的利用率进一步提高，科普活动的覆盖范围进一步扩大，从而为中国公民科学素质建设提供良好社会环境。一是“互联网+科普”建设工程广泛深入实施，极大扩展了科普传播的渠道，扩大了受众覆盖面。二是成功打造了一系列线上与线下结合的科普品牌，使品牌示范作用和影响力进一步提高。三是数字科普资源日益丰富，促进优势科普资源共建共享。

科普科幻创作日益繁荣，发展后劲逐渐增强[322]。一是创作人才“瓶颈”得到一定程度缓解，这是因为各级科学技术协会参与或主办的类型丰富、主题多元的科普大赛可激励科普创作，通过设立创作基金的形式加大对科普创作的资金支持，而且还通过举办一系列培训活动和相关赛事推进科普创作人才培养。二是科普图书创作热度持续提升，市场需求不断扩大。三是科普传媒多元化发展势头强劲。四是有影响力的创作和转化平台不断出现，国家出台相应政策鼓励新形式的科普创作，支持一系列新媒体科普平台上线，推动了科幻影视、科普游戏的开发与制作，鼓励和支持优秀科普作品实现产业转化。2020 年，中国科幻中心的成立标志着促进科幻创作交流的常态化机制初步形成。

4.5.4 科普惠民实践深化拓展

各级科学技术协会组织及相关单位开展全民性、群众性、主题性科普活动，将科技志愿服务落实到基层，体现科普“以人民为中心”的服务宗旨。在农村地区，基层科学技术协会组织结合自身实际情况，调动各种资源，将特色科普活动融入新时代文明实践中心建设试点和党建中心建设工作。自 2018 年以来，全国科普惠农乡村科普 e 站联盟逐步成立，指导更多基层地区的乡村科普 e 站开展科普培训与宣传工作，实施“新技术新产品下乡，优质农产品返城”双向服务机制，探索乡村科普 e 站长效运行机制，通过科普兴村富民，全面助力乡村振兴[323]。在城市地区，科普 e 站、科普大屏、科普画廊或科普图书室等设施陆续搭建，其搭载大数据、物联网等前沿技术，极大丰富了城镇居民的科普活动[324]。各地科学技术协会充分重视城镇外来务工人员的科普工作，有针对性地建设相应的科普设施，举办特色主题科普活动，大力普及环保、健康、法律等与生活相关的知识，提升科普工作实效，切实惠及外来务工人员。针对留守儿童、农村女性等基层弱势群体开展的科普专项工作已覆盖更多亟须科普教育的人群，这些科普专项工作在提高农村女性科学素质方面发挥了重要作用。

4.6 小结

构建高质量科普体系是努力成为世界主要科学中心和创新高地的内在需要，是科技自立自强建设科技强国的基础工程，是服务新发展格局的迫切需要，也是科普求变应变的关键之举，是新时代科普发展的使命。

近年来，党和国家高度重视科学技术普及工作，政府科普工作协调机制发挥积极作用，全国多个部门共同发力，社会各界广泛参与，科普活动广泛开展，中国科普事业建设取得显著成效，科普事业发展进入培育产业、规模发展的阶段。但是，科技资源科普化仍然面临许多困难，最主要的问题是重科研、轻科普，科普与科研脱节现象仍然存在；科普产品研发能力不足，科普作品创作水平有待提高；科普场馆内容同质化、单一化现象较为突出；运用市场化手段广泛调动社会力量参与科普的机制亟待完善。为更好开展科技资源科普化工作，把政策措施落到实处，中央企业开展科普工作时，不仅需要为实现高质量发展服务，还需要形成科普高质量发展体系。

一是立足服务于人的全面发展和人民科学素质的提升。“高质量”不仅意味着社会经济高质量发展，也要求全民科学素质高质量发展，实现人的现代化。科学文化素质是连接科技与人、科技与经济、科技与社会、科技与文化的桥梁，体现了社会文明程度和人的全面发展程度。科普作为提升全民科学素质的重要手段，应根据不同人群采取不同方式，切实服务于人的全面发展和社会文明程度的提升。

二是以提供优质科普产品和提升服务能力为重点。围绕人民对美好生活的向往，着力解决科普资源供给不平衡、不充分的问题，以提高科普公共服务供给体系质量为目标，推动科普产品与服务供给侧的质量变革、效率变革和动力变革，不断满足人民群众个性化、多样化、持续升级的科普需求，推动科普事业全面升级。

三是形成服务创新发展的科普新格局。以贯彻新发展理念，构建新发展格局，推动高质量发展为核心，加强前瞻性思考、全局性谋划、战略性布局和系统性推进，实现科普、教育、文化和传播的深度融合，以高水平的社会化协同为动力，充分发挥政府、高等院校、科研院所、企业和公众的力量，形成政府主导、市场带动的“科普事业+产业”“产业+科普”的内在动力系统，真正实现服务创新发展。

四是以落实“科学普及与科技创新同等重要”理念为主旨，进一步发挥科普的政治引领和价值引领作用，实现科普内涵和功能的转型升级。以弘扬科学精神和科学家精神为主旨，发挥科普的引领作用，激励科技工作者传播科学思想，进一步弘扬勇于创新、追求卓越、团结协作、无私奉献的科学家精神，塑造科学家形象，培养工匠大师。以营造科学文化为主基调，发挥科普的价值引领作用，打造良好的科普生态，为社会的高质量发展筑牢社会文化基础。我们应进一步激发公众的科学意识，培养具有想象力、创造力的青年一代，创造有利于提升自主创新能力的文化环境。

第5章 标 准 化

5.1 背景

标准化是国家治理体系和治理能力现代化的基础性制度，是国家治理现代化的必然要求[325]，中国把标准化上升到国家战略层面予以加强，从而助力创新发展、协调发展、绿色发展、开放发展、共享发展[328-330]。加强标准化工作，实施标准化战略，对经济社会发展有长远的意义[331,332]。2018 年 12 月，中共中央办公厅和国务院办公厅联合印发《关于建立健全基本公共服务标准体系的指导意见》，进一步明确了标准对建设基本公共服务体系的重要意义，提出要以标准化手段优化资源配置、规范服务流程、提升服务质量、明确权责关系、创新治理方式[333]。近年来，每年发布的全国标准化工作要点都提出要加强公共服务标准化建设[334,335]，《2021 年全国标准化工作要点》提出，加快社会建设标准化进程，发布 GB/T 43713—2024《基本公共服务标准化指南》等基础通用国家标准，而且应加大公共文化体育等领域国家标准研制力度[336]。

科普是公共服务的一个重要方面，公共服务标准化的总体部署和政策要求为开展科普标准化工作提供了宏观指导意见。科普服务标准化是在公共服务标准化思想的基础上，将标准化相关理论、方法等应用到科普服务领域，通过对科普服务标准的制定、实施及监督检查，达到服务质量目标化、服务方法规范化、服务过程程序化的目标，从而在公共科普服务范围内获得最佳秩序和社会效益的过程，是优化科普服务流程、规范科普服务行为和提升科普服务效能的重要技术手段[337]。科普服务标准化工作在贯彻落实国家对标准化工作的规划和政策的基础上，面向科技资源科普化工作的现实需求和发展形势，不仅聚焦具体领域的急需标准，更要通过建立先进适用的标准体系，指导国家标准、行业标准、地方标准、团体标准和企业标准的编制，为科技资源科普化工作的开展提供全方位、立体化的标准支撑。

5.2 发展现状

随着中国经济的持续快速发展，各方对科普服务的投入逐年增加，科普服务的软件条件和硬件条件大幅提高，科普服务的范围日益扩大，深度也不断扩展。2000 年之后，少数科普机构和企业因工作需要开始进行科普领域的标准化工作，但基本处于无组织、无规划的自发型、零散型发展阶段，标准化工作较弱。通过文献检索发现，2004 年发表的《关于成立中国自然科学博物馆协会科普场馆标准化技术委员会的建议》是对科普领域标准化工作的最早论述[338]。

2006 年 2 月，国务院印发《全民科学素质行动计划纲要（2006—2010—2020 年）》，在“科普基础设施工程”中提出，制定科普设施的发展规划、建设标准、认定办法和管理条例，规范科普设施的建设与管理[339]。

2007 年，中国科学技术协会开始将标准化工作纳入科普领域的重要工作范畴，并设立“科普场馆展品制作标准的基础研究”课题，编制《流动科普展品制作通用技术条件》。2011 年，中国科学技术协会科普部设立科普标准类研究项目，包括“自然博物馆建设标准研究”“科技馆特效影院建设标准研究”“网络科普设施建设标准研究”“科普视频标准研究”“科普动漫标准研究”“科普展品标准研究”“科技类博物馆分级测评体系研究”“科技馆专业人员评价标准研究”“科技传媒工作者科普专业化从业标准研究”9 个项目，由国内相关科技馆、科研院所、高等院校和学会承担并开展研究工作，取得一定的研究成果，为今后科普服务相关标准的研究制定奠定了基础。之后，科普服务标准化工作越来越受到国家和有关部门的重视。

2011 年 6 月，国务院办公厅印发《全民科学素质行动计划纲要实施方案（2011—2015 年）》[342]，提出制定科普资源开发共享的相关标准和规范，研究制定科普产品技术规范和设计制作机构资质认定办法。

2012 年 4 月，科学技术部印发《国家科学技术普及“十二五”专项规划》，提出研究制定科普产业相关技术标准和规范[343]。

2016 年 2 月，国务院办公厅印发《全民科学素质行动计划纲要实施方案（2016—2020 年）》，在“实施科普基础设施工程”中提出，建立科普标准化组织，完善科技馆行业国家标准体系及相关标准规范，开展科技馆评级与分级评估；在“实施科普产业助力工程”中提出，成立全国科普服务标准化技术委员会，组织制定科普相关标准，建立完善科普产品和服务的技术规范[344,345]。

2016 年 7 月，国务院发布《“十三五”国家科技创新规划》，提出研究制定科普基础设施标准和评估体系，对科普领域标准化工作提出更新、更高的要求[346]。

2017 年 6 月 12 日，经国家标准化管理委员会（简称国家标准委）批准，全国科普服务标准化技术委员会（SAC/TC568，简称科普标委会）正式成立，主要负责科普基础设施设备、科普展教品、科普服务质量与评价、数字科技馆、科学素质测评领域国家标准制定、修订工作[347]。科普标委会的成立标志着中国科普服务标准化工作进入常态化、制度化阶段，为科普服务国家标准的制定修订、贯彻实施奠定了基础，为科普服务标准化建设提供了保障和支撑。

2021 年 12 月，第一届科普标委会根据《全国专业标准化技术委员会管理办法》（总局令 191 号）的相关要求，向全国各有关单位公开招募第二届科普标委员会委员，2022 年完成科普标委会换届工作[348,349]。

2021 年 12 月 23 日，中国科学技术协会办公厅印发《关于加强科普标准化工作的通知》，提出构建系统全面的科普标准体系，加快重点领域标准编制，并发布《中国科协科普标准制修订计划（2021—2025 年）》[350]。

5.3 国际标准

目前，世界上最大、最权威的两大国际标准化组织机构——国际标准化组织（ISO）和国际电工委员会（IEC）的主要工作是制定国际标准，协调世界范围的标准化建设工作，组织各成员国和技术委员会进行信息交流，以及与其他国际组织共同研究有关标准化问题[351-354]。通过 ISO 和 IEC 的官方标准检索，没有检索到相关可借鉴的科普服务国际标准，较多的是科普展览、展品方面的技术标准（见表 5-1）。

表 5-1 国际科普相关标准

序号	标准编号	标准名称	实施时间（年）	颁布机构
1	ISO 17624：2004	Acoustics——Guidelines for noise control in offices and workrooms by means of acoustical screens	2004	国际标准化组织（ISO）
2	ISO 25639-1：2008	Exhibitions，shows，fairs and conventions——Part 1：Vocabulary	2008	国际标准化组织（ISO）
3	ISO 25639-2：2008	Exhibitions，shows，fairs and conventions——Part 2：Measurement procedures for statistical purposes	2008	国际标准化组织（ISO）
4	ISO 26429-3：2008	Digital cinema（D-cinema）packaging——Part 3：Sound and picture track file	2008	国际标准化组织（ISO）
5	ISO 26430-1：2008	Digital cinema（D-cinema）operations——Part 1：Key delivery message	2008	国际标准化组织（ISO）
6	ISO 26429-6：2008	Digital cinema（D-cinema）packaging——Part 6：MXF track file essence encryption	2008	国际标准化组织（ISO）
7	ISO 26430-6：2009	Digital cinema（D-cinema）operations——Part 6：Auditorium security messages for intra-theater communications	2009	国际标准化组织（ISO）
8	ISO 26430-9：2009	Digital cinema（D-cinema）operations——Part 9：Key delivery bundle	2009	国际标准化组织（ISO）

续表

序号	标准编号	标准名称	实施时间（年）	颁布机构
9	ISO 22889：2013	Metallic materials——Method of test for the determination of resistance to stable crack extension using specimens of low constraint	2008	国际标准化组织（ISO）
10	ISO 10110-17：2004	Optics and photonics——Preparation of drawings for optical elements and systems—— Part 17：Laser irradiation damage threshold	2004	国际标准化组织（ISO）
11	ISO/IEC TR 19782：2006	Information technology——Automatic identification and data capture techniques——Effects of gloss and low substrate opacity on reading of bar code symbols	2006	国际标准化组织（ISO）及国际电工委员会（IEC）
12	ISO 13528：2022	Statistical methods for use in proficiency testing by inter laboratory comparisons	2022	国际标准化组织（ISO）
13	ISO 1133-2：2011	Plastics——Determination of the melt mass-flow rate（MFR）and melt volume-flow rate（MVR） of thermoplastics——Part 2：Method for materials sensitive to time-temperature history and/or moisture	2011	国际标准化组织（ISO）
14	ISO 7743：2017	Rubber，vulcanized or thermoplastic——Determination of compression stress-strain properties	2017	国际标准化组织（ISO）
15	ISO 10863：2020	Non-destructive testing of welds——Ultrasonic testing——Use of time-of-flight diffraction technique（TOFD）	2020	国际标准化组织（ISO）
16	ISO 13934：2014	Textiles——Tensile properties of fabrics——Part 2：Determination of maximum force using the grab method	2014	国际标准化组织（ISO）
17	ISO 22889：2013	Metallic materials——Method of test for the determination of resistance to stable crack extension using specimens of low constraint	2013	国际标准化组织（ISO）
18	ISO 6358-2：2019	Pneumatic fluid power——Determination of flow-rate characteristics of components using compressible fluids——Part 2：Alternative test methods	2019	国际标准化组织（ISO）
19	ISO 20032-2：2013	Method for evaluation of tensile properties of metallic superplastic materials	2013	国际标准化组织（ISO）
20	—	国际教育分类标准（International Standard Classification of Education，ISCED）	1976	联合国教科文组织（UNESCO）

续表

序号	标准编号	标准名称	实施时间（年）	颁布机构
21	ANSI/UL 2305：2003	Exhibition Display Units，Fabrication and Installation	2003	美国国家标准化委员会（ANSI）
22	—	Exhibition Standards	2002	美国斯密森学会（Smithsonian Institution）
23	—	Smithsonian Guidelines for Accessible Exhibition Design	1996	美国斯密森学会（Smithsonian Institution）

联合国教科文组织（United Nations Educational, Scientific and Cultural Organization, UNESCO）根据1958年第十届大会通过的关于国际教育统计标准的建议，于1976年制定国际教育分类标准（International Standard Classification of Education, ISCED）[355,356]，目的是为各会员国在国内和国际收集、整理、提供教育统计资料时提供一个国际通用的工具，便于各会员国编制和比较各种教育资料。这个分类标准虽然不是专门针对科普服务制定的，但是涉及科普服务的相关内容。

此外，科技馆及其展项是最传统、最重要的科普展教资源，但是长久以来，由于科技馆展项的研发、设计、制造与实施包含大量创意与灵感，因而被视为一种非标准化的过程，导致科技馆展项缺乏统一标准。为了提高科技馆展项整体质量，国外制定了一些规范科技馆展项的标准，例如，美国国家标准学会（ANSI）、美国斯密森学会等机构颁布的科技馆展项标准。

5.4 国内标准

5.4.1 标准体系

根据文献检索及全国标准信息公共服务平台（http://std.samr.gov.cn/）查询结果，截至2021年底，中国发布与科普相关的国家标准1项、行业标准5项、地方标准16项、团体标准7项、企业标准11项，涵盖科技馆及科普教育基地建设、科普展教品开发、展览布展等内容，标准研究制定单位主要包括科普标委会、中国科技馆、安徽省科普装备标技术委会、广东科学中心等。

科普标委会成立前，已有其他行业着手编制科普相关国家标准。根据国家标准委发布的《关于下达2010年国家标准制修订计划的通知》（国标委综合〔2010〕87号），国家标准《科普展项通用技术规范 展项设计规范》由广东科学中心和广东省标准化研究院共同制定，项目编号为20100193-T-469，2012年9月编制完成征求意见稿，由全国会展业标准化技术委员会（SAC/TC 348）归口，这是目前中国可查到的第一个带“科普”字样的国家标准。

2016年，国家标准GB/T 32844—2016《科普资源分类与代码》正式发布并于2017年3月实施[357]，该标准由科学技术部提出，由全国科技平台标准化技术委员会（SAC/TC 486）归口，规定了科普领域信息资源的分类与编码的方法原则，为科普资源的加工、存储、传播、评价等提供了重要指导，对进一步发挥科普资源的价值、增强科普服务的社会效益起到了重要作用。

科普标委会成立后，依据GB/T 24421.2—2023《服务业组织标准化工作指南 第2部分：标准体系构建》，组织研究并初步建立科普服务领域国家标准体系，并按照层次结构将科普体系划分为科普服务基础通用标准、科普服务提供标准、科普服务资源标准、科普服务评价标准4大类（见图5-1）。

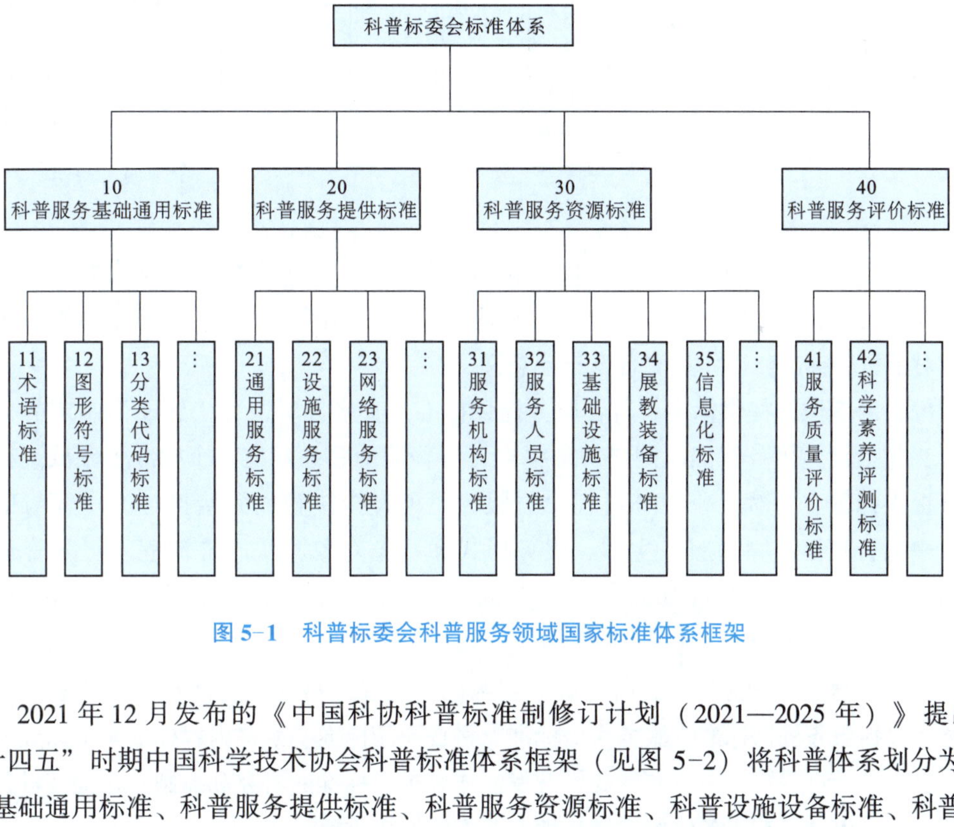

图5-1 科普标委会科普服务领域国家标准体系框架

2021年12月发布的《中国科协科普标准制修订计划（2021—2025年）》提出，“十四五”时期中国科学技术协会科普标准体系框架（见图5-2）将科普体系划分为科普基础通用标准、科普服务提供标准、科普服务资源标准、科普设施设备标准、科普信息化标准、科普评价标准6大领域，全面梳理各领域亟待制定的标准共69项，明确标准类别，包括国家标准、行业标准、团体标准和标准性文件4大类[337,350]。

（1）科普基础通用标准。科普基础通用标准是科普工作中最普遍、最通用的标准集合，包括术语标准、图形符号标准、分类代码标准、工作指南4个标准子领域。基础

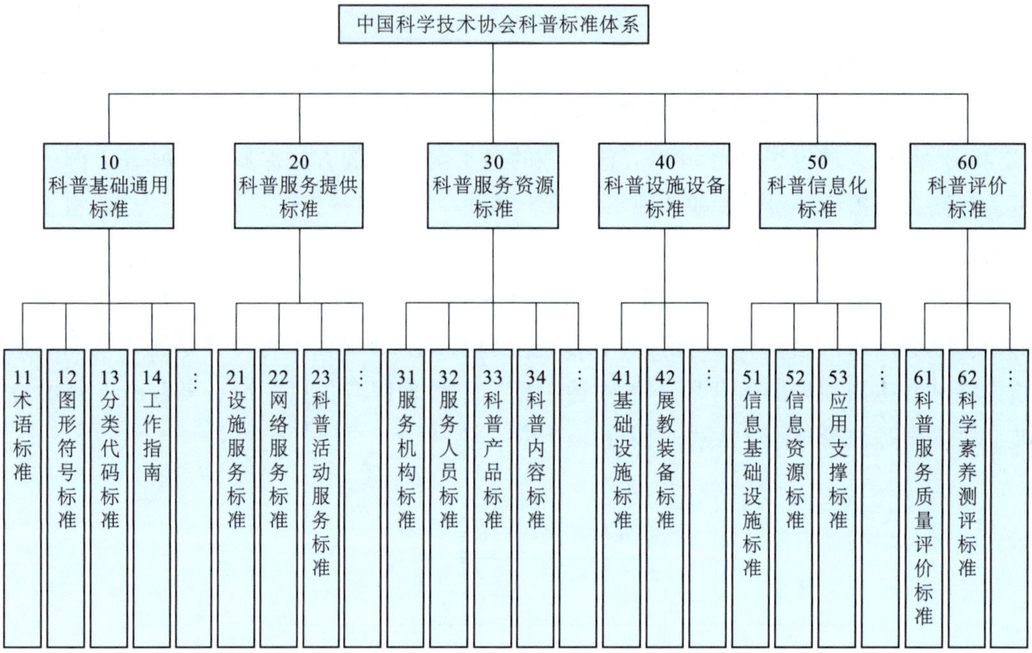

图 5-2　中国科学技术协会科普标准体系框架

通用标准一方面直接规定了术语、图形符号、分类代码等科普活动基本内容的相关要求，发挥约束、规范作用；另一方面为其他科普标准的制定提供了统一依据和技术基础，对于科普标准化工作具有普遍指导意义。

（2）科普服务提供标准。科普服务提供标准是直接针对服务接触面而制定的标准集合，包括设施服务标准、网络服务标准、科普活动服务标准 3 个标准子领域。科普服务提供标准主要对科普服务过程中与服务对象直接接触或间接接触的内容与事项进行规范，根据不同的服务主体、服务形式和服务对象，从服务流程、服务管理等方面提出基本要求，旨在实现科普服务的规范化运作，提高科普服务质量和效果，提升科普受众的满意度。

（3）科普服务资源标准。科普服务资源标准是规范科普服务活动中各要素的标准集合，包括服务机构标准、服务人员标准、科普产品标准、科普内容标准 4 个标准子领域，旨在推动科普资源内容和形式、开发制作要求等标准的研究和编制，在提高科普资源的质量、促进科普服务供给侧结构性改革方面发挥重要作用。

（4）科普设施设备标准。科普设施设备标准主要规范各类科普设施设备功能定位、建设、管理、运行、维护等方面的标准，包括基础设施标准和展教装备标准 2 个标准子领域，旨在规范和促进各类科普基地、科普场馆、基层科普设施等建设和发展，提升各类展教装备的设计、制作和资产管理水平。

（5）科普信息化标准。科普信息化标准是科普信息资源开发和传播、信息化平台建设和管理，以及以信息化技术手段为支撑开展科普活动等方面标准的集合，包括信息基础设施标准、信息资源标准、应用支撑标准 3 个标准子领域，旨在规范和统一科普信息化设施建设和管理，包括科普资源的信息化描述，科普信息资源的制作、加工、存储、传播和使用等内容，为科普信息化工作提供基本依据。

（6）科普评价标准。科普评价标准是对科普工作各要素进行评定、评估的标准集合，包括科普服务质量评价标准和科学素养测评标准 2 个标准子领域，对整个科普工作起可持续的提升作用，有助于形成管理闭环，促进科普水平、效果和成果呈螺旋式上升态势。

5. 4. 2　国家标准

截至 2021 年底，科普标委会已征集 274 个标准预研项目，立项 42 项，在预研成果的基础上，择优向国标委提交 17 项国家标准立项建议，其中 6 项获得国家标准项目编制立项并下达计划，包括 GB/T 41555—2022《科普服务分类与代码》、GB/T 41132—2021《科普信息资源唯一标识符》、GB/T 41131—2021《科技馆展览教育服务规范》、GB/T 42421—2023《数字科普资源质量要求》、GB/T 43395—2023《线下科普活动基本要求》、GB/T 43394—2023《科技馆功能配置指南》（见表 5-2）。

表 5-2　科普相关国家标准

序号	标准编号	标准名称	实施时间	状态
1	GB/T 41555—2022	科普服务分类与代码	2022-07-11	现行
2	GB/T 41132—2021	科普信息资源唯一标识符	2021-11-26	现行
3	GB/T 41131—2021	科技馆展览教育服务规范	2021-11-26	现行
4	GB/T 42421—2023	数字科普资源质量要求	2023-03-17	现行
5	GB/T 43394—2023	科技馆功能配置指南	2023-11-27	现行

2021 年 11 月 26 日，国标委发布 2021 年第 14 号公告，由科普标委会归口上报的两项国家标准 GB/T 41131—2021《科技馆展览教育服务规范》、GB/T 41132—2021《科普信息资源唯一标识符》正式发布，这充分体现了科普服务标准化科学、实用和适度前瞻的原则，有助于提升科普资源和科普服务质量，在推动科普供给侧结构性改革和提升全民科学素质方面起重要引领作用[358-361]。

5. 4. 3　行业标准

中国科普领域最早的行业标准是 2007 年 8 月建设部（2008 年改为住房和城乡建设

部）联合国家发展和改革委员会发布的建标 101—2007《科学技术馆建设标准》，该标准对科普场馆的建筑规模、建设项目构成、建筑面积指标、技术经济指标等进行规定，指导科技馆的建设和改造，对全国科技馆的发展起到巨大推动作用[362-364]。截至 2020 年底，该标准颁布的 13 年间建成并开放的科技馆达 285 座，平均每年以约 22 座的速度增长。

另外，其他部分行业也发布了本行业的科普相关标准（见表 5-3），例如，工业和信息化部发布了 QC/T 1080—2017《科普宣传车》、国家林业局（2018 年改为国家林业和草原局）发布了 LY/T 2251—2014《林业科普基地评选规范》、公安部发布了 GA/T 974. 52—2011《消防信息代码 第 52 部分：消防科普教育基地类型代码》、中国气象局发布了 QX/T 578—2020《气象科普教育基地创建规范》等行业标准[367-370]。

表 5-3　科普相关行业标准

序号	标准编号	标准名称	行业	发布部门	实施时间	状态
1	建标 101-2007	科学技术馆建设标准	住建	建设部（2008 年改为住房和城乡建设部）、国家发展和改革委员会	2007-08-01	现行
2	QC/T 1080—2017	科普宣传车	汽车	工业和信息化部	2017-10-01	现行
3	LY/T 2251—2014	林业科普基地评选规范	林业	国家林业局（2018 年改为国家林业和草原局）	2014-12-01	现行
4	GA/T 974. 52—2011	消防信息代码　第 52 部分：消防科普教育基地类型代码	公共安全	公安部	2011-12-12	现行
5	QX/T 578—2020	气象科普教育基地创建规范	气象	中国气象局	2020-12-01	现行

5. 4. 4　地方标准

部分地区开始重视科普领域标准化工作，例如，2010 年 12 月，安徽省科普装备标准化技术委员会在合肥成立，这是目前可查的国内首个科普领域地方标准化技术组织，主要负责安徽省科普产品专业技术标准化工作，其工作主体为科普产品，工作范围包括制定科普产品的生产、试验、检测、分析、评估、监督等相关技术规范和标准。

现有地方科普标准涉及的内容主要集中在科普基地建设、标识设置、科普主体评定、科普展项、流动科技馆等方面（见表 5-4），一些地方科学技术协会、机构或企业依靠当地的标准化部门、机构和组织，陆续开展相关地方标准研究和制定，大部分为省（直辖市、自治区）级地方标准，部分地市也发布了市级地方标准，例如，河北廊坊发布了DB1310/T 226—2020《热带植物馆科普研发基地服务规范》、山西临汾发布了DB1410/T 111—2020《防震减灾科普教育基地管理要求》、浙江杭州发布了DB3301/T 0200—2018《科普教育基地管理与服务规范》[371-373]。

表5-4 与科普相关的地方标准

序号	标准编号	标准名称	地区	归口单位	实施时间	状态
1	DB34/T 1678—2012	科普装备标准体系表	安徽	安徽省质量技术监督局	2012-09-09	废止
2	DB34/T 1679—2012	Ⅱ型科普大篷车技术条件	安徽	安徽省质量技术监督局	2012-09-09	废止
3	DB34/T 1680—2012	Ⅳ型科普大篷车技术条件	安徽	安徽省质量技术监督局	2012-09-09	废止
4	DB34/T 3913—2021	科普装备产品初步设计通用规范	安徽	安徽省市场监督管理局	2021-07-08	现行
5	DB34/T 3914—2021	科普装备产品深化设计通用规范	安徽	安徽省市场监督管理局	2021-07-08	现行
6	DB11/T 1615—2019	园林绿化科普标识设置规范	北京	北京市市场监督管理局	2019-07-01	现行
7	DB42/T 1665—2021	湖北省国家湿地公园科普宣教系统建设规范	湖北	湖北省市场监督管理局	2021-06-01	现行
8	DB14/T 1967—2019	防震减灾科普基地建设规范	山西	山西省市场监督管理局	2020-03-20	现行
9	DB1410/T 111—2020	防震减灾科普教育基地管理要求	山西临汾	临汾市市场监督管理局	2020-12-02	现行
10	DB37/T 4185—2020	防震减灾（地震）科普场馆展品（展项）及布展指南	山东	山东省市场监督管理局	2020-12-10	现行
11	DB37/T 3485—2019	消防科普教育基地建设标准	山东	山东省市场监督管理局	2019-03-01	现行
12	DB1310/T 226—2020	热带植物馆科普研发基地服务规范	河北廊坊	廊坊市市场监督管理局	2020-11-16	现行
13	DB36/T 1293—2020	校园科普气象站建设规范	江西	江西省市场监督管理局	2021-03-01	现行
14	DB3301/T 0200—2018	科普教育基地管理与服务规范	浙江杭州	杭州市市场监督管理局	2018-07-20	现行
15	DB21/T 2692—2016	中小学防震减灾科普示范学校评定指南	辽宁	辽宁省质量技术监督局	2017-02-06	现行
16	DB44/T 1422.1—2014	科普展项及布展通用规范 第1部分：展项设计	广东	广东省质量技术监督局	2015 02 10	现行
17	DB44/T 1422.2—2014	科普展项及布展通用规范 第2部分：展项制造	广东	广东省质量技术监督局	2015-02-10	现行

续表

序号	标准编号	标准名称	地区	归口单位	实施时间	状态
18	DB44/T 1422. 3—2014	科普展项及布展通用规范　第 3 部分：展项安装调试	广东	广东省质量技术监督局	2015-02-10	现行
19	DB44/T 1422. 4—2014	科普展项及布展通用规范　第 4 部分：展项验收	广东	广东省质量技术监督局	2015-02-10	现行
20	DB44/T 1422. 5—2014	科普展项及布展通用规范　第 5 部分：布展设计	广东	广东省质量技术监督局	2015-02-10	现行
21	DB44/T 1422. 6—2014	科普展项及布展通用规范　第 6 部分：布展施工及验收	广东	广东省质量技术监督局	2015-02-10	现行
22	DB32/T 3163—2016	流动科技馆服务规范	江苏	江苏省质量技术监督局	2016-12-20	现行

5. 4. 5　团体标准

科普方面的团体标准仍处于起步阶段。2021 年，中国工程建设标准化协会发布了 T/CECS 851—2021《绿色科技馆评价标准》，地方学会如湖北省标准化学会发布了《流动科技馆展品规范》《流动科技馆展示教程规范》《数字科技馆服务质量评价规范》等系列团体标准（见表 5-5）。

表 5-5　与科普相关的团体标准

序号	标准编号	标准名称	地区	归口单位	实施时间	状态
1	T/CECS 851—2021	绿色科技馆评价标准	—	中国工程建设标准化协会	2021-09-01	现行
2	T/HBAS 013—2018	流动科技馆展品规范	湖北	湖北省标准化学会	2018-12-01	现行
3	T/HBAS 014—2018	流动科技馆展示教程规范	湖北	湖北省标准化学会	2018-12-01	现行
4	T/HBAS 015—2018	数字科技馆服务质量评价规范	湖北	湖北省标准化学会	2018-12-01	现行

5. 4. 6　企业标准

一些企业也发布了与科普相关的企业标准，主要集中在科普产品、科普展项、科普宣传车等方面（见表 5-6）。

表 5-6　与科普相关的企业标准

序号	标准编号	标准名称	企业名称	地区	发布时间	状态
1	Q/whdc089	科普产品	武汉大成美育科技开发有限公司	湖北	2018-11-02	现行有效
2	Q/411082HXC015—2020	科普宣传车	河南须河车辆有限公司	河南	2021-05-31	现行有效

续表

序号	标准编号	标准名称	企业名称	地区	发布时间	状态
3	Q/410105AZA002—2018	赛门科普	河南澳中澳生物科技有限公司	河南	2018-04-04	现行有效
4	Q/001.014—2019	蛇形摆科普展品	宁夏凯德瑞科技有限公司	宁夏	2019-09-29	企业自行废止
5	Q/krd001.011—2019	模拟进食科普展品	宁夏凯德瑞科技有限公司	宁夏	2019-10-10	现行有效
6	Q/320000 NTY002—2015	科普天文圆顶	中国科学院南京天文仪器有限公司	江苏	2018-03-01	企业自行废止
7	Q/320102 NTY 002—2018	科普天文圆顶	中国科学院南京天文仪器有限公司	江苏	2018-04-10	现行有效
8	Q/JG 118—2014	科普显微镜	江西凤凰光学科技有限公司	江西	2018-07-31	现行有效
9	Q/XHD 007—2016	科普宣传车	石家庄市宏达专用汽车制造有限公司	河北	2017-07-19	现行有效
10	Q/PRB 01—2015	中科普锐	山东中科普锐检测技术有限公司	山东	2018-08-13	现行有效
11	Q/2017002—2017	科普展品 1	九思教育科技有限公司	山东	2017-11-09	现行有效
12	Q/NZJ05—2020	科普显微镜	宁波湛京光学仪器有限公司	浙江	2020-10-17	现行有效

5.5 以三峡集团为例的企业标准研制

5.5.1 编制意义和目的

科普涵盖科学领域各个方面，如何用科普知识正确引导公众认知、促进科技成果转化，是科技工作者必须思考和解决的问题，也是他们义不容辞的责任。2021 年，国务院印发的《全民科学素质行动规划纲要（2021—2035 年）》首次将“强化标准建设”作为组织实施的重要条件之一，提出推动构建包括国家标准、行业标准、地方标准、团体标准和企业标准的多维标准体系。三峡集团一直重视科普工作，在各项业务中引入科普理念、开展科普融合工作、明确科普内容、形成科技创新与科学普及融合的新发展模式、构建科普工作体系、制定成套标准体系，这是深入实施创新驱动发展战略的具体实践，是营造创新生态、促进科技成果转化、助力科技自立自强的有效手段，是建设世界一流示范企业、讲好三峡故事、提升三峡品牌形象不可或缺的重要组成部分。

三峡集团科普融合创新发展机制的建立需要结合工程建设与咨询、流域梯级调度与综合管理、新能源开发与运营管理、资本运营与金融服务、资产管理与基地服务、国际能源投资与承包、电力生产与运营、生态环保投资与运营等业务特点，将科普人才、科普投入、科普内容、科普活动、科普设施、科普设备、科普信息化、科普服务与评价等融入科技工作体系，构建“基础资源—服务提供—服务评价”的全流程科普融合体系，设计合理统一的科普融合架构、标准规范、成果转化等全过程的科普工作体系，实现科普融合创新发展。

为规范科普工作体系建设，三峡集团需要从科普基础通用标准、科普服务提供标准、科普服务资源标准、科普设施设备标准、科普信息化标准、科普评价标准等方面建立统一的科普标准体系，指导和规范各个层级、各项业务科普融合工作的规划和实施。通过标准体系的统一规划和指导，三峡集团可实现科普工作体系建设的规范化发展，实现科普服务、科普设施设备、科普信息、科普评价的标准化发展，以及科普融合的规范化发展。

5.5.2 编制依据

（1）GB/T 13016—2018《标准体系构建原则和要求》。

（2）GB/T 13017—2018《企业标准体系表编制指南》。

（3）GB/T 15496—2017《企业标准体系 要求》。

（4）GB/T 19273—2017《企业标准化工作 评价与改进》。

（5）GB/T 24421.2—2023《服务业组织标准化工作指南　第 2 部分：标准体系构建》。

（6）《中国长江三峡集团公司技术标准体系表》（2021 版）。

5.5.3 编制原则

（1）系统性。标准体系应统一规划、统一管理，门类齐全、体系完整，结构合理、层次清晰。标准体系构建应遵循系统科学的原理，根据科普的概念和内涵，以科普为核心标准化对象，围绕科普内容的产生、科普资源保障、科普传播实现及评估改进等关键方面，系统化建立科普标准体系，力求结构合理、分类科学、层次清晰，使得标准化文件之间互相衔接配套，共同发挥协同作用。标准体系调整时，应从整体性出发，对相关的编号、技术结构、标准体系结构、体系表及文字说明进行修改，保持体系的统一性和完整性。

（2）拓展性。科普工作随着科学技术的发展而不断扩展相关产品内容，并随着 5G、人工智能等技术和新媒体等传播载体的发展而不断拓展传播手段。标准体系构建应保持开放性和可拓展性，结合三峡集团科普工作不断深入，对标准体系进行修订、补充和完善，从而适应各类新技术发展。

（3）引领性。构建标准体系时，应准确理解现行技术标准与新编制标准的关系，必须严格遵守现行相关法律法规、技术标准和三峡集团管理制度，借鉴或引用现行的国家级、地方级和集团企业级相关标准、规程、规范等，结合科普工作实施过程中的实际情况及需求进行扩充和完善。

标准体系建设不但应符合科普工作现在实际需要，还应适度超前，基于当前科普发展水平、科普服务现实能力，关注科普发展新趋势、新动向与科普受众的新需求，提出和制定具有先进性的标准，引领科普工作开展。

（4）融合性。科普工作涉及众多主体、众多领域、众多业务，科普产品和科普载体种类众多，且无明确边界。在此基础上，构建标准体系时，应准确理解三峡集团相关业务科普应用需求，广泛收集各领域已有成果，共同服务科普工作。

5.5.4 标准选用原则

三峡集团自主开展的科普工作在选用标准时，有以下原则：有明确要求时，按要求采用对应的标准；没有明确要求时，优先选用三峡标准，国家标准、行业标准、地方标准可作为补充标准与参考标准使用。三峡集团承接外部单位委托或与外部单位联合开展的科普工作，在选用标准时，有以下原则：当国家标准、行业标准、地方标准都没有相关规定时，建议采用三峡标准。

5.5.5 编制需求

1. 科普融合模式及科普工作体系

三峡科普融合模式架构的业务应用包括工程建设与咨询、流域梯级调度与综合管理、新能源开发与运营管理、资本运营与金融服务、资产管理与基地服务、国际能源投资与承包、电力生产与运营、生态环保投资与运营等业务层面的科技资源整合。科技资源包括科技人才、研发投入、科研设施。融合内容包括科普人才、科普投入、科普内容、科普活动、科普设施、科普设备、科普信息化、科普服务与评价等（见图 5-3）。

三峡科普工作体系架构（见图 5-4）包括各层面、各业务科技人才、研发投入、科研设施等科技资源的科普化转换与融合，支撑“基础资源—服务提供—服务评价”全流程的科普工作体系，实现科技创新与科学普及共同发展。

2. 科普标准体系结构

三峡集团结合国家相关法律法规和三峡集团信息管理要求，通过分析“基础资源—服务提供—服务评价”全流程的科普工作体系，梳理总结了三峡科普标准体系架构。根据不同的应用场景、应用对象和应用作用，三峡科普标准可分为政策法规、基础通用标准、专用技术标准、评价管理标准 4 类（见图 5-5）。

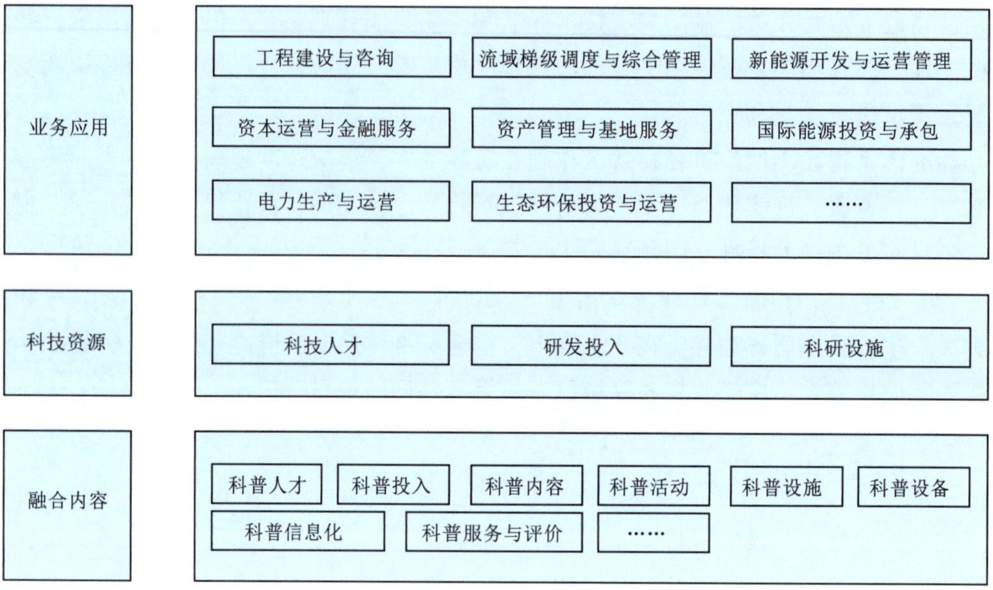

图 5-3　三峡科普融合模式架构

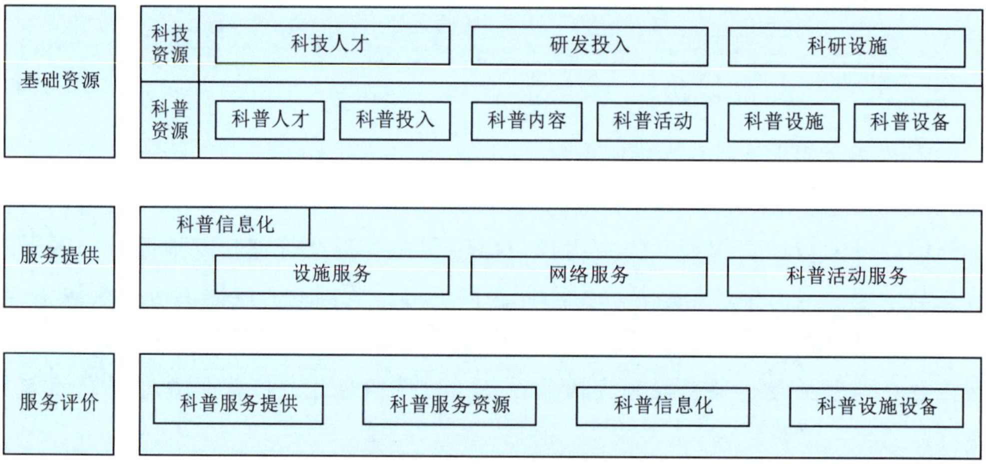

图 5-4　三峡科普工作体系架构

（1）政策法规。政策法规分为国家法律法规、地方条例法规、三峡集团制度 3 大类，用于指导科普工作的开展，确保科普工作体系建设在合法合规的前提下有序推进。

（2）基础通用标准。基础通用标准是科普工作中最普遍、最常用的标准集合，可总体指导科普工作，包括顶层规划、术语、图形符号、分类代码、工作指南等基础标准

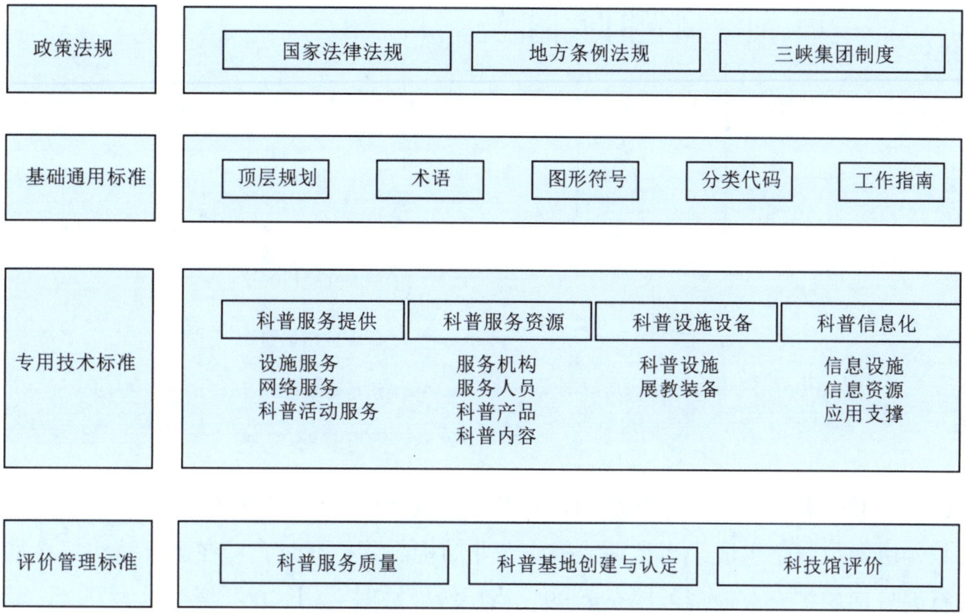

图 5-5 三峡科普标准体系架构

和规范。

基础通用标准具有两个方面的作用：一方面直接对术语、图形符号、分类代码等科普活动基本内容进行规范化规定，发挥约束、规范作用；另一方面，为其他科普标准的制定提供统一的依据和技术基础，对科普标准化工作具有普遍指导意义。

（3）专用技术标准。专用技术标准用于规范各层面、各业务科普服务提供、服务资源、设施设备、信息化等方面的技术工作，包括各类工作涉及的技术规程、应用指南、操作手册等。专用技术标准可根据科普工作体系建设的发展而逐步扩充。

（4）评价管理标准。评价管理标准是对各层面、各业务的科普服务提供、服务资源、设施设备、信息化等科普工作各要素进行评定、评估的标准集合，主要包括科普服务质量、科普基地创建与认定、科技馆评价等标准。

5.5.6 标准体系架构

1. 科普标准体系编号规则

根据《中国长江三峡集团公司技术标准体系表》（2021 版）编制原则和基本要求，结合三峡科普工作特点，三峡集团制定三峡科普标准体系表编号规则，对列入技术标准体系中的每一项技术标准赋予唯一的编号。编号规则为结构编码与标准序列号的组合（见图 5-6），例如，02. 02. 00-0001，其中，“02. 02. 00”表示标准体系中的基础通用标准，而“-0001”表示在该结构中的第 0001 号标准。

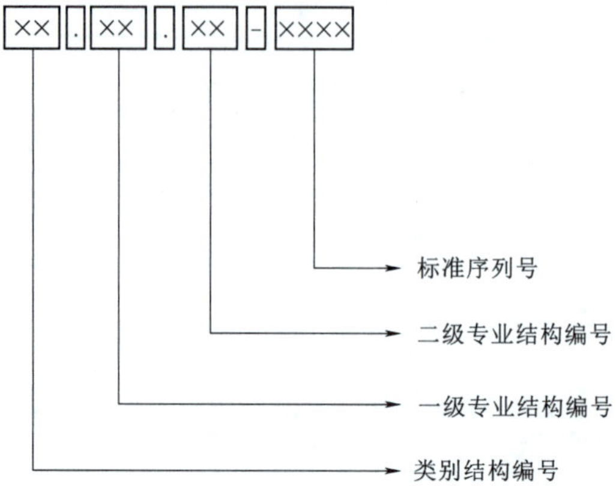

图 5-6　三峡科普标准体系表编号规则

（1）结构编码分为类别结构编号、一级专业结构编号、二级专业结构编号，每级结构编号由两位数字组成，当类别结构或专业结构需要扩充时，可在已有结构编号基础上进行编号递增扩充，最多可扩充至 99，当层级空缺时，用“00”表示。

（2）标准序列号由四位数字组成，数字前两位为细类递增编号，数字后两位为递增编码。当标准序列号需要递增时，可在已有标准序列号基础上进行编号递增扩充，每级结构的标准号最多可扩充至 9999。

2. 科普标准体系分类说明

三峡科普标准体系架构分类说明见表 5-7。

表 5-7　三峡科普标准体系架构分类说明

编码	类别结构	一级专业结构	二级专业结构	说明
01	政策法规	—	—	国家、行业、三峡集团相关政策要求和制度规定
01.01	—	国家法律法规	—	—
01.02	—	地方条例法规	—	—
01.03	—	三峡集团制度	—	—
02	基础通用标准	—	—	—
02.01	—	顶层规划	—	科普融合顶层规划编制技术导则
02.02	—	术语	—	科普相关名词、定义和概念
02.03	—	图形符号	—	科普相关图形符号
02.04		分类代码		科普服务、科普资源相关分类代码
02.05	—	工作指南	—	各层面、各业务科普服务工作指南

续表

编码	类别结构	一级专业结构	二级专业结构	说明
03	专用技术标准	—	—	各层面、各业务科普服务提供、服务资源、设施设备、信息化等方面的技术标准
03.01	—	科普服务提供	—	—
03.01.01	—	—	设施服务	科普相关设施及服务技术要求
03.01.02	—	—	网络服务	利用互联网开展科普服务的相关技术要求
03.01.03	—	—	科普活动服务	开展科普活动服务相关技术要求
03.02	—	科普服务资源	—	—
03.02.01	—	—	服务机构	各类型具有科普功能的服务机构基本要求
03.02.02	—	—	服务人员	各层面、各业务科普服务人员基本要求
03.02.03	—	—	科普产品	各类科普产品开发工作指南
03.02.04	—	—	科普内容	各层面、各业务科普内容开发指南
03.03	—	科普设施设备	—	—
03.03.01	—	—	科普设施	各层面、各业务具有科普功能的场馆等设施建设配置相关要求
03.03.02	—	—	展教装备	科普展教装备设计、安装、安全、环保等基本要求
03.04	—	科普信息化	—	—
03.04.01	—	—	信息设施	科普软硬件信息基础设施相关要求
03.04.02	—	—	信息资源	科普元数据、标识符、数字质量等基本要求
03.04.03	—	—	应用支撑	科普相关云平台等应用支撑
04	评价管理标准	—	—	—
04.01	—	科普服务质量	—	科普服务质量评价要求
04.02	—	科普基地创建与认定	—	各层面科普基地创建与认定要求
04.03	—	科技馆评价	—	科技馆评价及科技馆项目评价要求

3. 科普标准体系框架

三峡科普标准体系架构见图 5-7。

5.5.7 标准体系表

三峡科普标准体系表见表 5-8。

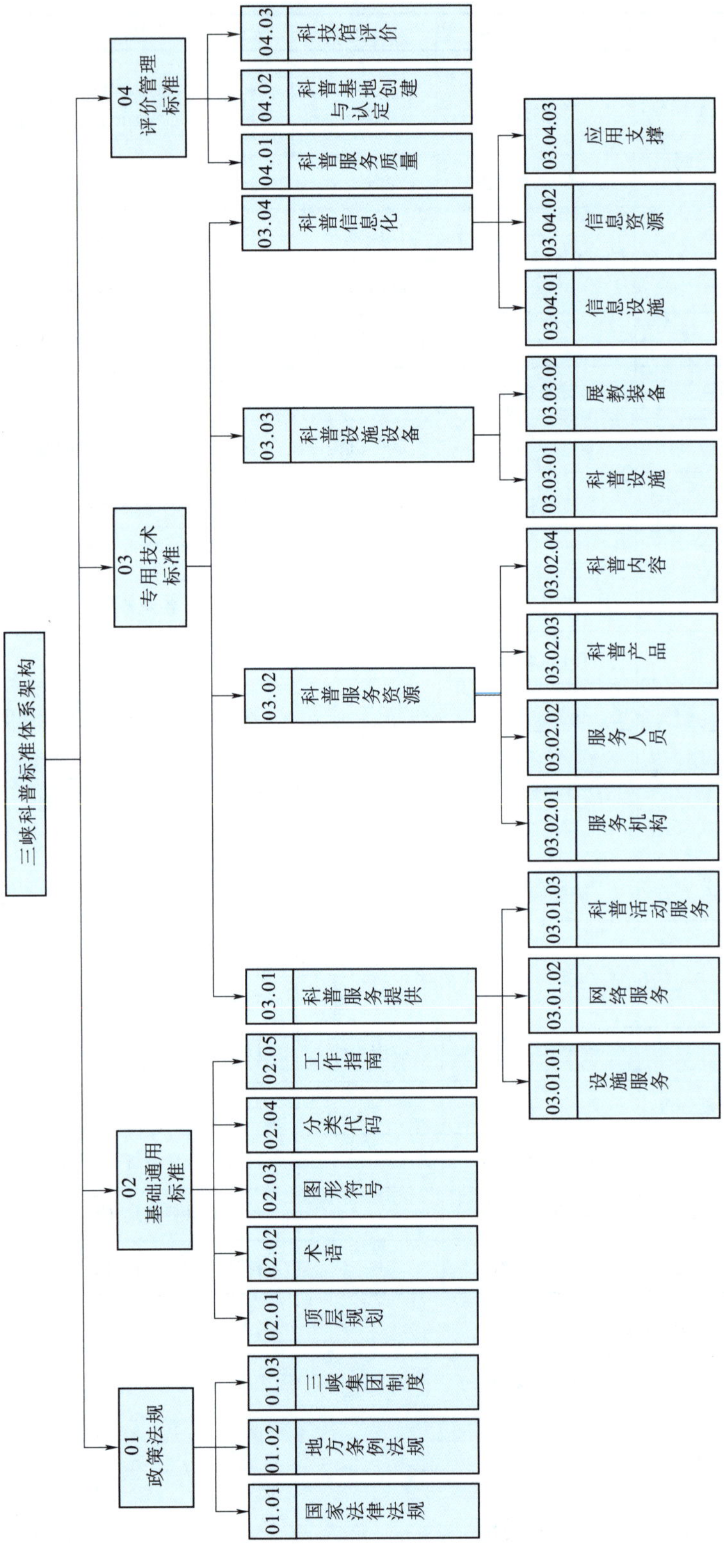

图 5-7 三峡科普标准体系架构

表 5-8 三峡科普标准体系表

体系表编号	标准名称	标准号	状态
01 政策法规			
01.01 国家法律法规			
01.01.00-0001	《中华人民共和国科学技术进步法》（2021 年）	—	现行
01.01.00-0002	《中华人民共和国科学技术普及法》（2002 年）	—	现行
01.01.00-0003	《中华人民共和国长江保护法》（2020 年）	—	现行
01.01.00-0004	《科技创新成果科普成效和创新主体科普服务评价暂行管理办法（试行）》（2017 年）	—	试行
01.01.00-0005	《关于“十四五”期间支持科普事业发展进口税收政策的通知》（财关税〔2021〕26 号）	—	现行
01.01.00-0006	《关于“十四五”期间支持科普事业发展进口税收政策管理办法的通知》（财关税〔2021〕27 号）	—	现行
01.01.00-0007	水利部 共青团中央 中国科协关于加强水利科普工作的指导意见	—	现行
01.01.00-0008	《全民科学素质行动规划纲要（2021—2035 年）》	—	现行
01.01.00-0009	《全国科普教育基地创建与认定管理办法》（2021 年）	—	现行
01.01.00-0010	《中国流动科技馆项目管理试行办法》（2017 年）	—	现行
01.01.00-0011	《国家生态环境科普基地管理办法》（2019 年）	—	现行
01.01.00-0012	《国家交通运输科普基地管理办法》（2020 年）	—	现行
01.01.00-0013	《国家自然资源科普基地管理办法（试行）》（2021 年）	—	试行
01.01.00-0014	《国家林草科普基地管理办法》（2021 年）	—	现行
01.01.00-0015	《国家水情教育基地管理办法》（2018 年）	—	现行
01.01.00-0016	《国家气象科普基地管理办法》（2019 年）	—	现行
01.01.00-0017	《国家体育科普基地管理办法》（2021 年）	—	现行
01.02 地方条例法规			
01.02.00-0001	《北京市科学技术普及条例》（1998 年）	—	现行
01.02.00-0002	《天津市科学技术普及条例》（2021 年）	—	现行
01.02.00-0003	《河北省科学技术普及条例》（1995 年）	—	现行
01.02.00-0004	《山西省实施〈中华人民共和国科学技术普及法〉办法》（2007 年）	—	现行
01.02.00-0005	《内蒙古自治区科学技术普及条例》（2002 年）	—	现行
01.02.00-0006	《辽宁省科学技术普及办法》（2011 年）	—	现行

续表

体系表编号	标准名称	标准号	状态
01. 02. 00-0007	《黑龙江省科学技术普及条例》（2005 年）	—	现行
01. 02. 00-0008	《江苏省科学技术普及条例》（2001 年）	—	现行
01. 02. 00-0009	《浙江省科学技术普及办法》（2006 年）	—	现行
01. 02. 00-0010	《安徽省科学技术普及条例》（2009 年）	—	现行
01. 02. 00-0011	《福建省科学技术普及条例》（2007 年）	—	现行
01. 02. 00-0012	《江西省科学技术普及条例》（2007 年）	—	现行
01. 02. 00-0013	《山东省科学技术普及条例》（2003 年）	—	现行
01. 02. 00-0014	《山东省社会科学普及条例》（2014 年）	—	现行
01. 02. 00-0015	《河南省科学技术普及条例》（2003 年）	—	现行
01. 02. 00-0016	《河南省社会科学普及条例》（2016 年）	—	现行
01. 02. 00-0017	《湖北省科学技术普及条例》（2006 年）	—	现行
01. 02. 00-0018	《湖南省科学技术普及条例》（1998 年）	—	现行
01. 02. 00-0019	《湖南省社会科学普及条例》（2015 年）	—	现行
01. 02. 00-0020	《广东省科学技术普及条例》（2021 年）	—	现行
01. 02. 00-0021	《广西壮族自治区科学技术普及条例》（2005 年）	—	现行
01. 02. 00-0022	《重庆市科学技术普及条例》（2008 年）	—	现行
01. 02. 00-0023	《四川省科学技术普及条例》（2012 年）	—	现行
01. 02. 00-0024	《贵州省科学技术普及条例》（2002 年）	—	现行
01. 02. 00-0025	《云南省科学技术普及条例》（2003 年）	—	现行
01. 02. 00-0026	《西藏自治区实施〈中华人民共和国科学技术普及法〉办法》（2019 年）	—	现行
01. 02. 00-0027	《陕西省科学技术普及条例》（2000 年）	—	现行
01. 02. 00-0028	《甘肃省科学技术普及条例》（2010 年）	—	现行
01. 02. 00-0029	《青海省科学技术普及条例》（2006 年）	—	现行
01. 02. 00-0030	《宁夏回族自治区科学技术普及条例》（2000 年）	—	现行
01. 02. 00-0031	《新疆维吾尔自治区科学技术普及条例》（2001 年）	—	现行
01. 02. 00-0032	《沈阳市科学技术普及条例》（2000 年）	—	现行
01. 02. 00-0033	《南京市科学技术普及条例》（2009 年）	—	现行
01. 02. 00-0034	《杭州市科学技术普及条例》（2015 年）	—	现行
01. 02. 00-0035	《广州市科学技术普及条例》（2015 年）	—	现行

续表

体系表编号	标准名称	标准号	状态
01.03 三峡集团制度			
01.03.00-0001	中国长江三峡集团有限公司科技工作管理制度	CTG-G2-KJ-01-2021	现行
01.03.00-0002	中国长江三峡集团有限公司安全管理制度	CTG-G2-AQ-01-2020	现行
01.03.00-0003	中国长江三峡集团有限公司质量管理制度	CTG-G2-ZL-01-2020	现行
01.03.00-0004	中国长江三峡集团有限公司生态环境保护管理制度	CTG-G2-HB-01-2020	现行
01.03.00-0005	中国长江三峡集团有限公司履行社会责任工作管理制度	CTG-G2-ZH-01-2018	现行
01.03.00-0006	中国长江三峡集团有限公司国际业务管理制度	CTG-G2-HW-01-2021	现行
01.03.00-0007	中国长江三峡集团有限公司档案管理制度	CTG-G2-ZH-01-2021	现行
01.03.00-0008	中国长江三峡集团有限公司宣传工作管理制度	CTG-G2-DJ-02-2020	现行
01.03.00-0009	中国长江三峡集团有限公司党建工作管理制度	CTG-G2-DJ-01-2020	现行
01.03.00-0010	中国长江三峡集团有限公司信息化管理制度	CTG-G2-XX-01-2011	现行
01.03.00-0011	中国长江三峡集团有限公司科研项目管理办法	CTG-G3-KJ-04-2020	现行
01.03.00-0011	中国长江三峡集团有限公司外部科研项目管理办法（试行）	CTG-G3-KJ-06-2016	试行
01.03.00-0012	中国长江三峡集团有限公司技术标准管理办法	CTG-G3-KJ-08-2021	现行
01.03.00-0013	中国长江三峡集团有限公司综合统计管理办法（试行）	CTG-G3-GJ-02-2012	试行
01.03.00-0014	中国长江三峡集团有限公司员工教育培训管理办法	CTG-G3-RL-13-2021	现行
01.03.00-0015	中国长江三峡集团有限公司互联网站管理办法	CTG-G3-XW-01-2018	现行
01.03.00-0016	中国长江三峡集团有限公司信息系统资产管理办法	CTG-G3-XX-11-2012	现行
01.03.00-0017	中国长江三峡集团有限公司数据中心管理办法	CTG-G3-XX-01-2012	现行
01.03.00-0018	中国长江三峡集团有限公司信息网络平台管理办法	CTG-G3-XX-02-2012	现行
01.03.00-0019	中国长江三峡集团有限公司信息系统软件开发管理办法	CTG-G3-XX-04-2012	现行
01.03.00-0020	中国长江三峡集团有限公司信息系统应用实施管理办法	CTG-G3-XX-10-2012	现行
01.03.00-0021	中国长江三峡集团有限公司科学技术普及工作管理制度	—	待制定
02 基础通用标准			
02.01 顶层规划			
02.01.00-0001	三峡科普发展规划编制技术导则	—	待制定
02.02 术语			
02.02.00-0001	科普服务基本术语	—	国家标准待制定
02.02.00-0002	三峡科普服务基本术语	—	待制定

续表

体系表编号	标准名称	标准号	状态
02.03 图形符号			
02.03.00-0001	科普服务符号与标识		国家标准待制定
02.03.00-0002	三峡科普服务符号与标识	—	待制定
02.03.00-0003	园林绿化科普标识设置规范	DB11/T 1615—2019	现行
02.04 分类代码			
02.04.00-0001	科普服务分类与代码	GB/T 41555—2022	现行
02.04.00-0002	三峡科普服务分类与代码	—	待制定
02.04.00-0003	科普资源分类与代码	GB/T 32844—2016	现行
02.04.00-0004	三峡科普资源分类与代码	—	待制定
02.04.00-0005	科普装备标准体系表	DB34/T 1678—2012	废止
02.05 工作指南			
02.05.00-0001	科普服务标准化工作指南	—	待制定
02.05.00-0002	三峡科普服务标准化工作指南	—	待制定
02.05.00-0003	三峡科普服务指南	—	待制定
02.05.00-0004	科技工作者开展科普服务指南	—	待制定
02.05.00-0005	三峡科技工作者开展科普服务指南	—	待制定
02.05.00-0006	三峡新闻工作者开展科普服务指南	—	待制定
02.05.00-0007	三峡档案工作者开展科普服务指南	—	待制定
02.05.00-0008	三峡旅游工作者开展科普服务指南	—	待制定
02.05.00-0009	基层科普工作指南	—	团体标准待制定
02.05.00-0010	三峡基层科普工作指南	—	待制定
02.05.00-0011	三峡国际事务科普工作指南	—	待制定
02.05.00-0012	三峡科技资源科普化工作指南	—	待制定
03 专业技术标准			
03.01 科普服务提供			
03.01.01 设施服务			
03.01.01-0001	科普场馆服务基本要求	—	国家标准预研中

续表

体系表编号	标准名称	标准号	状态
03.01.01-0002	三峡科普场馆服务基本要求	—	待制定
03.01.01-0003	科普教育基地服务基本要求	—	国家标准预研中
03.01.01-0004	三峡科普教育基地服务基本要求	—	待制定
03.01.01-0005	科技馆展览教育服务规范	GB/T 41131—2021	现行
03.01.01-0006	三峡博物馆展览教育服务规范	—	待制定
03.01.01-0007	三峡展览馆展览教育服务规范	—	待制定
03.01.01-0008	三峡流动科技馆科普服务规范	—	待制定
03.01.01-0009	三峡科普大篷车科普服务规范	—	待制定
03.01.01-0010	科普志愿服务规范	—	国家标准预研中
03.01.01-0011	三峡科普志愿服务规范	—	待制定
03.01.02 网络服务			
03.01.02-0001	网络科普服务指南	—	国家标准待制定
03.01.02-0002	三峡网络科普服务指南	—	待制定
03.01.02-0003	媒体科普服务指南	—	国家标准待制定
03.01.02-0004	三峡媒体科普服务指南	—	待制定
03.01.03 科普活动服务			
03.01.03-0001	线下科普活动基本要求	—	国家标准制定中
03.01.03-0002	三峡线下科普活动基本要求	—	待制定
03.01.03-0003	培训类科普活动基本要求	—	国家标准待制定
03.01.03-0004	三峡培训类科普活动基本要求	—	待制定
03.01.03-0005	宣讲类科普活动基本要求	—	国家标准待制定
03.01.03-0006	三峡宣讲类科普活动基本要求	—	待制定
03.01.03-0007	竞赛类科普活动基本要求	—	国家标准待制定

续表

体系表编号	标准名称	标准号	状态
03. 01. 03-0008	三峡竞赛类科普活动基本要求	—	待制定
03. 01. 03-0009	三峡展览类科普活动基本要求	—	待制定
03. 01. 03-0010	三峡研学类科普活动基本要求	—	待制定
03. 01. 03-0011	三峡综合类科普活动基本要求	—	待制定
03. 02 科普服务资源			
03. 02. 01 服务机构			
03. 02. 01-0001	科普服务机构基本要求	—	待制定
03. 02. 01-0002	三峡科普服务机构基本要求	—	待制定
03. 02. 01-0003	三峡科学素质类培训机构基本要求	—	待制定
03. 02. 01-0004	三峡科普研学基地基本要求	—	待制定
03. 02. 01-0005	热带植物馆科普研发基地服务规范	DB1310/T 226—2020	现行
03. 02. 01-0006	流动科技馆服务规范	DB32/T 3163—2016	现行
03. 02. 02 服务人员			
03. 02. 02-0001	三峡科普人员基本服务要求	—	待制定
03. 02. 02-0002	三峡科普辅导员专业水平要求	—	待制定
03. 02. 02-0003	三峡科普类场馆科技辅导员服务基本要求	—	待制定
03. 02. 02-0004	三峡科技志愿者管理基本要求	—	待制定
03. 02. 02-0005	三峡科普志愿服务队建设指南	—	待制定
03. 02. 03 科普产品			
03. 02. 03-0001	三峡科普资源开发指南	—	待制定
03. 02. 03-0002	三峡科普资源开发指南 展览类	—	待制定
03. 02. 03-0003	三峡科普资源开发指南 教育类	—	待制定
03. 02. 03-0004	三峡科普资源开发指南 展教品类	—	待制定
03. 02. 03-0005	三峡科普资源开发指南 影视类	—	待制定
03. 02. 03-0006	三峡科普资源开发指南 书刊类	—	待制定
03. 02. 03-0007	三峡科普资源开发指南 音像电子类	—	待制定
03. 02. 03-0008	三峡科普资源开发指南 旅游类	—	待制定
03. 02. 03-0009	三峡科普资源开发指南 研学类	—	待制定
03. 02. 03-0010	三峡科普资源开发指南 玩具类	—	待制定
03. 02. 03-0011	三峡科普资源开发指南 综合类	—	待制定

续表

体系表编号	标准名称	标准号	状态
03.02.04 科普内容			
03.02.04-0001	公共安全工作科普内容指南	—	预研中
03.02.04-0002	三峡安全工作科普内容指南	—	待制定
03.02.04-0003	健康科普内容指南	—	预研中
03.02.04-0004	三峡质量工作科普内容指南	—	待制定
03.02.04-0005	三峡保密工作科普内容指南	—	待制定
03.02.04-0006	三峡社会责任工作科普内容指南	—	待制定
03.02.04-0007	三峡党群工作科普内容指南	—	待制定
03.02.04-0008	碳达峰碳中和科普内容指南	—	预研中
03.02.04-0009	三峡碳达峰碳中和科普内容指南	—	待制定
03.02.04-0010	三峡水利水电科普内容指南	—	待制定
03.02.04-0011	三峡风电科普内容指南	—	待制定
03.02.04-0012	三峡光伏发电科普内容指南	—	待制定
03.02.04-0013	三峡生态环境保护科普内容指南	—	待制定
03.03 科普设施设备			
03.03.01 科普设施			
03.03.01-0001	科学家精神教育基地建设指南	—	待制定
03.03.01-0002	三峡精神科普教育基地建设指南	—	待制定
03.03.01-0003	科学技术馆建设标准	建标 101-2007	现行
03.03.01-0004	科技馆项目规范	—	行业标准制定中
03.03.01-0005	科技馆功能配置指南	—	国家标准制定中
03.03.01-0006	三峡科技馆功能配置指南	—	待制定
03.03.01-0007	流动科技馆功能与内容配置规范	—	团体标准待制定
03.03.01-0008	科普场馆特效影院运行管理规范	—	团体标准制定中
03.03.01-0009	科普场馆球幕影院功能配置与放映技术要求	—	团体标准制定中
03.03.01-0010	社区科普设施建设指南	—	团体标准待制定

续表

体系表编号	标准名称	标准号	状态
03. 03. 01-0011	科普宣传车	QC/T 1080—2017	现行
03. 03. 01-0012	湖北省国家湿地公园科普宣教系统建设规范	DB42/T 1665—2021	现行
03. 03. 01-0013	校园科普气象站建设规范	DB36/T 1293—2020	现行
03. 03. 02 展教装备			
03. 03. 02-0001	科普展品安全要求	—	国家标准预研中
03. 03. 02-0002	科普展品环保要求	—	国家标准待制定
03. 03. 02-0003	科普设备设施资产管理规范	—	国家标准待制定
03. 03. 02-0004	科技馆展品设计通用标准	—	国家标准预研中
03. 03. 02-0005	科技馆常设展览建设通用流程	—	国家标准预研中
03. 03. 02-0006	科普展品说明书	—	团体标准制定中
03. 03. 02-0007	流动科技馆展品机械结构设计要求	—	团体标准制定中
03. 03. 02-0008	科普场馆展品运行管理规范	—	预研中
03. 03. 02-0009	科普装备产品初步设计通用规范	DB34/T 3913—2021	现行
03. 03. 02-0010	科普装备产品深化设计通用规范	DB34/T 3914—2021	现行
03. 03. 02-0011	防震减灾（地震）科普场馆展品（展项）及布展指南	DB37/T 4185—2020	现行
03. 03. 02-0012	科普展项及布展通用规范　第 1 部分：展项设计	DB44/T 1422. 1—2014	现行
03. 03. 02-0013	科普展项及布展通用规范　第 2 部分：展项制造	DB44/T1422. 2—2014	现行
03. 03. 02-0014	科普展项及布展通用规范　第 3 部分：展项安装调试	DB44/T 1422. 3—2014	现行
03. 03. 02-0015	科普展项及布展通用规范　第 4 部分：展项验收	DB44/T 1422. 4—2014	现行
03. 03. 02-0016	科普展项及布展通用规范　第 5 部分：布展设计	DB44/T 1422. 5—2014	现行
03. 03. 02-0017	科普展项及布展通用规范　第 6 部分：布展施工及验收	DB44/T 1422. 6—2014	现行
03. 03. 02-0018	流动科技馆展品规范	T/HBAS 013—2018	现行
03. 03. 02-0019	流动科技馆展示教程规范	T/HBAS 014—2018	现行

续表

体系表编号	标准名称	标准号	状态
03. 03. 02-0020	三峡科普展品基本要求	—	待制定
03. 04 科普信息化			
03. 04. 01 信息设施			
03. 04. 01-0001	三峡科普信息系统软硬件选型指南	—	待制定
03. 04. 01-0002	三峡科普多媒体设备管理规范	—	待制定
03. 04. 02 信息资源			
03. 04. 02-0001	科普服务核心元数据	—	国家标准预研中
03. 04. 02-0002	科普中国平台资源标准	—	国家标准预研中
03. 04. 02-0003	科普人力资源元数据	—	国家标准预研中
03. 04. 02-0004	科普信息资源唯一标识符	GB/T 41132—2021	现行
03. 04. 02-0005	数字科普资源质量要求	—	国家标准制定中
03. 04. 02-0006	三峡科普视频制作规范	—	待制定
03. 04. 03 应用支撑			
03. 04. 03-0001	三峡科普云平台架构	—	待制定
04 评价管理标准			
04. 01 科普服务质量			
04. 01. 00-0001	科普服务评价	—	国家标准待制定
04. 01. 00-0002	数字科技馆服务质量评价规范	T/HBAS 015—2018	现行
04. 01. 00-0003	三峡科普服务质量评价规范	—	待制定
04. 02 科普基地创建与认定			
04. 02. 00-0001	全国科普教育基地创建与认定	—	预研中
04. 02. 00-0002	三峡科普教育基地创建与认定	—	待制定
04. 02. 00-0003	全国科普示范县标准与评价	—	待制定
04. 02. 00-0004	林业科普基地评选规范	LY/T 2251—2014	现行
04. 02. 00-0005	气象科普教育基地创建规范	QX/T 578—2020	现行

续表

体系表编号	标准名称	标准号	状态
04. 02. 00-0006	消防信息代码　第 52 部分：消防科普教育基地类型代码	GA/T 974. 52—2011	现行
04. 02. 00-0007	防震减灾科普基地建设规范	DB14/T 1967—2019	现行
04. 02. 00-0008	防震减灾科普教育基地管理要求	DB1410/T 111—2020	现行
04. 02. 00-0009	消防科普教育基地建设标准	DB37/T 3485—2019	现行
04. 02. 00-0010	科普教育基地管理与服务规范	DB3301/T 0200—2018	现行
04. 03 科技馆评价			
04. 03. 00-0001	科技馆等级划分与评定	—	预研中
04. 03. 00-0002	三峡科技馆等级划分与评定	—	待制定
04. 03. 00-0003	科技馆免费开放项目绩效评价	—	预研中
04. 03. 00-0004	三峡科技馆免费开放项目绩效评价	—	待制定
04. 03. 00-0005	绿色科技馆评价标准	T/CECS 851—2021	现行

5.6　存在的问题

5.6.1　标准体系建设仍需完善

在标准层级方面，虽然科普标委会已经组织开展科普服务领域国家标准的研究和编制，但行业标准、地方标准、团体标准等标准编制尚未全面推行，科普服务标准体系较单一。中国科学技术协会办公厅印发《关于加强科普标准化工作的通知》，要求全国学会和各地方科学技术协会围绕《中国科协科普标准制修订计划（2021—2025 年）》积极开展相关标准研究，将科普发展的典型实践案例提炼并总结为可复制、可推广的经验，形成正式标准或标准性文件，向全社会发布，但实施仍需一定时间。

在标准内容方面，科普资源开发共享、科普基础设施建设、科普服务管理与评价等方面的标准数量较少，缺乏对科普服务整体和各环节工作的约束和规范，不利于科普资源有效利用、高效整合和共建共享[374]。

5.6.2　标准化工作机制仍需健全

在标准化科研机制方面，目前已初步建立科普服务领域国家标准预研和编制的项目管理与组织机制，但对行业标准、地方标准、团体标准等方面的研究和编制缺少相应的项目引导和经费支持，制约了多维标准体系的建立和发展。

在社会化组织机制方面，近年来已有科学技术协会系统、高等院校、科研院所、企业等参与科普标准化工作，但广泛动员地方科学技术协会、全国性学会等共同开展科普标准化工作的社会协同机制还未形成，尤其是大型企业参与程度不高，不利于促进科普标准化工作的实践探索和繁荣发展。

5.6.3 标准化人才队伍仍需壮大

标准的制定、修订和审查等工作需要深厚的标准化业务基础，然而科普服务领域的技术和管理人员普遍缺乏标准化相关专业知识，而标准化领域的专业技术人员对科普相关业务和要求缺乏了解，尚未建立起一支既熟悉科普领域又具备标准化专业能力的人才队伍。

5.7 小结

5.7.1 加快构建系统全面的科普标准体系

为贯彻落实《全民科学素质行动规划纲要（2021—2035年）》关于加强标准化建设的要求，中国需要进一步完善科普标准化工作体系和标准体系框架，明确不同主题在科普标准化中的工作范畴，明确不同维度、不同级别、不同类型标准的工作边界，加快编制当前科普领域重要且急需的标准，推动完善企业科普标准的研究编制和推荐备案工作。

5.7.2 加快构建科普多维标准化工作体系

从科普服务工作的实际需求看，仅依靠国家标准不足以支撑科普全面高质量发展，应建立行业标准、地方标准、团体标准、企业标准相结合的多维标准化工作体系。在这个过程中，既要抓紧研究科普领域的基本问题，尽快制定基础通用类的国家标准，为其他标准的编制提供依据，又要针对科普的具体领域和问题，大力推动行业标准、团体标准、地方标准和企业标准的研究和编制，为制定国家标准奠定基础。

5.7.3 引导多元主体参与科普标准化工作

从科普标准化制定的主体看，应引导社会多元主体参与科普标准化工作，充分调动和发挥各级科学技术协会与学会的主动性和创造性，鼓励地方科学技术协会和全国学会联合企业、当地标准化组织和标准化行政主管部门，开展各类标准的研究和编制工作，引导企业积极参加各级科普标准的制定。

5.7.4 加快央企科普标准体系研究和编制

目前，三峡集团等中央企业虽然开展了较多科普相关实践，但科普标准工作仍处于待发展阶段。之后应结合国家科普标准体系建设，加快实现科普标准体系研究和编制，发挥企业科技创新主体作用，在全面调研、梳理现有科普领域国家标准、行业标准、地方标准、团体标准和企业标准的基础上，根据企业科普工作需要，加强不同领域科普相关标准的研究和制定工作，逐步将企业标准向各级标准推行。

第 6 章 产　业

6.1 科普产业概况

6.1.1 科普产业背景

科普一般被视为社会公益事业。随着信息技术的发展、大众消费观念的转变、政府政策支持力度的加强等，以科普旅游、科普影视、科普游戏等为具体形态的科普产业快速发展[375]。由于科普作为一种产业刚刚兴起，因此开展科普产业调查统计及相关数据分析，对中国科普产业发展现状和水平可形成一个较为客观、系统的整体性判断，从而为政府制定科普产业政策、促进科普产业发展提供数据支撑。但是，目前中国缺乏对科普产业整体情况的相关调查。

学术界对科普产业统计指标体系和框架的研究仍处于设计阶段，未进行实际操作[376,377]。例如，劳汉生根据科普文化产品的公共性与非公共性，将科普文化产业划分为公益性科普文化产业领域、准公益性科普文化产业领域、商业性科普文化产业领域[378,379]。任福君等结合国民经济分类中文化产业的分类，根据科普产业的核心产品形态，将科普产业分为 4 大类[380]。李黎等从科普产业内容、机制和目的等方面，从与科普事业相对应的角度对科普产业进行界定[381]。王康友等从现状调查角度认为现阶段发展较快且有一定规模的科普业态有科普展教、科普出版、科普影视、科普网络信息、科普教育等[48]。

政府推进的科普领域权威调查只有科学技术部主导的全国科普统计和中国科学技术协会系统的相关统计。全国科普统计始于 2004 年，由中国科学技术信息研究所具体实施，以全国科普统计调查为基本框架，获取科普产业数据，但是这些统计缺乏科普产业相关指标的设计[382]。由于全国科普统计主要通过科技行政管理部门实施，因此填报的企业数量有限，2017 年共有 525 家调查企业填报了科普产业相关数据。2017 年度的调查新增了科普产品和科普服务方面的指标，调查的科普产业范围包括科普产品、科普出版、科普影视、科普游戏、科普旅游和其他，主要从营业额的角度进行统计。从配合调查的科普人员、科普场地、科普经费、科普传媒、科普活动，以及创新创业中的科普等指标，可以了解填报单位的科普情况。

6.1.2 科普产业现状

1. 科普产业的主要类型和分布

总体来看，由于科普产业没有明确的界定和分类，也没有统一的统计指标，因此难以获得十分准确的数据。中国科普研究所发布的《我国科普产业发展研究报告（2018）》显示，调查共获得631个样本，从中可估算出中国科普产业的产值规模约1000亿元，主营科普的企业数量为375个左右（见表6–1）[50,383,384]。

表6–1 中国科普类企业的主要类型和分布

分类		科普类企业数	广东省	北京市	天津市	河北省	安徽省	上海市	浙江省	江苏省
科普服务产品	实物展教类	72	35	8	6	2	6	2	2	5
	书刊报纸类	7	0	4	2	1	0	0	0	0
	影视广播类	30	6	9	5	4	1	3	1	1
	互动体验类	7	3	1	0	0	1	1	1	0
	活动体验类	60	2	17	31	4	3	2	0	0
	科普网络服务	47	19	11	2	3	1	1	1	1
	科普旅游资源服务	0	0	0	0	0	0	0	0	0
	科普文化娱乐服务	17	2	6	2	2	2	0	1	1
科普内容相关产品		104	52	15	4	7	4	5	3	2
科普服务相关产品		31	6	6	1	3	4	2	4	3
合计		375	125	77	53	26	22	16	13	13

注：科普类企业数为专门从事科普产品生产和服务的企业，表中只列出该类企业数量为10家以上的省份。

京津冀地区有156家科普类企业。北京有77家，主要生产书刊报纸、影视广播、会展、活动体验等产品。天津有53家，其中的31家以创意产业园区为依托，专门从事科普活动服务。河北省在京津冀一体化区域带动下，有26家专门从事科普经营活动、承接科普类项目的企业。

长三角地区的上海市、浙江省、江苏省共有42家科普类企业。上海市的科普类企业主要从事科普内容服务和生产3D、VR产品。浙江省与江苏省的科普类企业主要生产青少年科技科普教具等产品。

广东省有125家科普类企业，分布在深圳、东莞、广州等城市，主要生产展教类的科普产品和具有科普内容的相关载体产品（如触控终端、VR设备），另外还有一部分科普类企业提供科普网络服务。

安徽省在全国科普博览会、芜湖科普产业园区的带动下，出现了一批专业化程度较高、规模较大的科普类经营企业，同时建立了科普产品国家地方联合工程研究中心等科普产业研究机构。

2. 科普产业的主要业态及规模

中国科普类企业主要依托政府及其事业单位的科普需求而发展，目前已经形成科普产业的基础和雏形。根据调查结果，现阶段发展较快且形成一定规模的科普产业的业态有科普展教、科普出版、科普影视、科普网络信息、科普教育等[385,386]。

（1）科普展教业。科普展教业是为科普场馆、科普机构及设施提供各种展教品、服务与活动的产业。科普展教业是中国当前科普产业的主要业态。2016 年的统计数据显示，中国有各类科普场馆 1393 个，还有大量面向社会开放的科普教育基地及与科普相关的机构设施。这些部门（组织、机构）每年都要以政府购买的形式开展科普展教活动，由此提供科普展教品的企业逐渐出现并发展起来，形成一定的市场规模。这时涌现出一批以上海智慧圆科普教育设备有限公司、合肥安达创展科技股份有限公司为代表的产值上亿元的科普企业。

（2）科普出版业。科普出版业主要指科普图书、科普期刊、科普音像等的出版发行产业。2016 年，全国共出版科普图书 11937 种，印刷册数为 1. 35 亿册；共出版科普期刊 1265 种，印刷册数为 1. 60 亿册，平均每万人可拥有 1155 册；科技类报纸总印数为 2. 67 亿份，平均每万人可拥有 1934 份；在各类科普活动中，共发放科普读物和资料为 13. 9 亿份。例如，北京市共有约 500 家出版单位，其中，除中国科学技术出版社（暨科学普及出版社）外，还有约 200 家出版单位出版科普类图书、报纸和音像制品。

（3）科普影视业。截至 2016 年，中国电视节目综合人口覆盖率达 98. 9%，各地开设的专门科教频道为 21 个，其中，国家级 1 个，省级 10 个，市级 10 个，央视科教频道收视率为 0. 136%，市场份额为 1. 124%。此外，中央电视台少儿、军事、农业频道也有较多科技科普类栏目。2022 年，中国备案的科教影片为 203 部。以上科普影视等相关产业逐渐占据更多的市场份额。

（4）科普网络信息业。科普网络信息业是新兴的科普业态。2016 年，由政府投资建设的科普网站达 2975 个，根据 2017 年第二季度发布的《中国网民科普需求搜索行为报告》[387]，中国网民科普搜索人次数为 16. 55 亿，同比增长 51. 56%。科普网络信息化的发展带动了科普网络游戏、视频动漫等新兴业态的发展。截至 2017 年 6 月底，科普中国各栏目（频道）累计建设内容资源达到 11. 91TB，发布科普图文近 12 万篇、科普视频（动漫）约 1 万个、科普游戏 155 款，累计浏览量和传播量达 97. 95 亿人次，其中，移动端为 70. 50 亿人次，占比 71%。以科普内容为载体的游戏、网页浏览等获得超百亿元的收入。

（5）科普教育业。学校开设以研究性学习和通用技术课为主的科学课程，同时通过建设校园科技活动室和创客空间等形式开展科技实践活动。科普教育业的发展带动了科普教育设备、教材与教具的生产发展。截至 2016 年底，全国共有义务教育阶段学校 22.98 万所，若 30% 的中小学校建设专门的科普教育活动室，则平均每所中小学校会为此投入 20 万元，产值将近 150 亿元。

6.1.3 科普产业现状分析

1. 处于萌芽状态的新兴产业

科普产业的逐步形成与中国科普事业的发展壮大密不可分。根据《中国科普统计（2018 年版）》数据，2017 年，各类科普活动参加人数共计 7.71 亿人次，比 2016 年增长 6.30%；科普场馆、科普传媒中的科普专业机构已经发展得相对成熟，全国共有科技馆 488 个，科学技术类博物馆 951 个，参观人次分别为 6301.75 万和 1.42 亿；全国共出版科普图书 1.41 万种，总印数 1.12 亿册；2570 个科普网站共发布各类文章 136.71 万篇，科普视频 4.97 万个，网站累计访问量达到 9.21 亿人次；2065 个科普类微博共发布各类文章 66.45 万篇，阅读量达到 44.09 亿次；5488 个科普类微信公众号共发布各类文章 87.49 万篇，阅读量达到 6.94 亿次[388]。

产业生命周期一般可划分为四个阶段，即萌芽期、成长期、成熟期和衰退期。产业萌芽期主要有两个标志：一是新产品或服务出现，具有广阔的发展前景和庞大的市场潜力；二是独立从事此种产品或服务的机构开始出现。科普产业的萌芽阶段主要有以下几个特点。

（1）相关企业或机构数量少。525 家调查单位只占全国 6.53 万个填报单位总量的 0.39%，企业有 318 家，占调查单位总数的 60.57%，其他是一些科研机构和非营利性机构。

（2）营业额低，产品单一。科普产业的营业额累计只有 97.59 亿元，而且科普影视、科普游戏和其他科普收入还未形成规模，三者累计只占 3% 的比例。

（3）对原有产业的依附性较强，没有形成独立的产业体系。在科普产业的构成中，科普产品收入为 34.38 亿元，占 35%。虽然这是科普产业的支柱，属于科普属性最强的产业内容，但占比较低。科普产品收入的 65% 要靠属于文化产业的科普出版，以及属于旅游产业的科普旅游来支撑。若将文化产业和旅游产业看作科普产业的母体产业，则科普产业仍需从母体产业中汲取营养。

（4）产业的带动效应有限。525 家调查单位共有科普专职人员 8127 人，占全国总数的 3.58%；兼职人员 3.25 万人，占全国总数的 2.07%；注册科普志愿者 9.8 万人，占全国总数的 4.34%；科普创作人员 1327 人，占全国总数的 8.90%。这个规模的人员队伍很难支撑成熟产业的发展。

（5）缺少消费者熟知的企业和产品。科普产业的填报单位大多是科技类小型企业或科研生产综合体。除了几家特大型科技馆，其他单位缺少社会曝光度，知名度较低，科普产品还处于改进和完善的过程中，产量较小。

2. 公益性与市场化逐步融合

科普产业脱胎于科普事业，虽然逐步在向产业化方向发展，但是仍然具有很多公益性科普事业特征。

（1）政府资金仍然是主要的科普经费来源。2016年，调查单位共筹集科普经费14.58亿元，其中，政府拨款9.60亿元，占比66%。虽然比全国科普经费中76.82%为政府拨款低，但仍表明开展相关科普活动主要依靠政府资助。

（2）面向社会开展较多公益性活动。调查单位共举办科普讲座2.1万次，407万人次参加；专题展览2074次，1637万人次参加；科普竞赛1074次，371万人次参加；全国科技活动周期间举办科普专题活动3108次，473万人次参加；科技夏、冬令营1763次，25万人次参加；技术培训1000次，131万人次参加。这些活动是全国科普活动的重要组成部分，公益性质突出。

（3）利用相关资源平衡公益与市场。调查单位共发行科普图书1822万册，出版科普期刊161种，发行科普音像制品176种，发行科普（技）类光盘36万张，这说明在开展公益性活动的同时获得一定市场收益。此外，70家科技馆和科技类博物馆免费向社会开放的时间可达平均半年。

3. 各类投入要素有待加强

（1）科普经费投入不足。调查单位科普经费投入累计14.58亿元，平均每个单位为278万元，但42%的单位的科普经费为10万元以下。若调查单位以科普为主业，则科普投入仍需加强。在科普活动支出方面，平均每个单位为130万元，仍有很大的增长空间。

（2）科普人员投入仍应加强。调查单位共有专职科普人员8127人，平均每个单位16人，但31%的单位没有科普人员。共有科普创作人员1327人，平均每个单位2.5人，但62%的单位没有科普创作人员。而且，科普创作人员主要为类似科技型企业中的研发人员，没有研发人员的企业很难称为科技型企业。共有科普志愿者9.79万人，平均每个单位186人，但66%的单位没有科普志愿者。

6.2　科普产业存在的问题

虽然中国科普产业已经开始起步，但仍然存在很多不确定性和不稳定性因素，在产业规模、产业结构、市场化程度、主体活跃度方面都有不少问题，中国科普产业发展仍然面临不少问题与挑战。

6.2.1 产业规模普遍偏小

各地区的科普产业规模都比较小，科普企业普遍存在规模小、技术弱、人才短缺的问题，产业集聚度偏低。全国科普产业营业额较少，只有97.59亿元，375家科普企业主要分散在10个省，产值规模上亿的科普企业数量较少。除此之外，缺乏表现突出的地区，河北、北京和上海是表现相对突出的地区，但营业规模只有10亿~30亿元。

截至2016年底，仅芜湖、上海和成都建有科普产业园区，北京、广州、深圳等科普企业数量相对较多的城市没有建设科普产业园区。从调查单位的层级看，省级和区县级单位的科普产业营业规模较大，区县级科普产业单位虽然数量多，但整体营业规模仍有很大提升空间。省级科普产业单位的营业规模较大，有很大发展空间。从科技馆和科技类博物馆看，大部分特大型和大型场馆都是省级科技馆。从科普企业自身看，大部分企业生产能力和销售渠道单一，缺乏特色和优势，而且企业发展中缺少高端经营性科普人才，尤其缺乏科普产品研发和科普服务方面的专业人才。

6.2.2 市场化水平相对较低

市场化不足，导致很多网络科普产品很难通过市场获得收益。虽然各类科普文章的阅读量很大，但是因为科普类微信、微博和网站的特殊性，一旦进行流量变现，可能会损害文章内容的严肃性和公正性，对整个系统形成负反馈。以微信公众号为例，微信平台已形成用户主动关注、主动传播、主动反馈的完整机制，一些公众号通过文章中的广告进行变现[389]，但很多人质疑其为了获取流量而发布一些非科学性的文章。中国科学院物理所的微信公众号于2018年发布文章1403篇，阅读量达1835万次，点赞数达18万次，但其主要功能仍然是院所宣传与科学传播。

6.2.3 产业创新性不足

科普产业缺乏精品和特色。很多科普产品走向市场前缺乏有效的设计，也缺乏有效的政策支持和资金扶持，与文化、旅游、教育相结合的产品的生产和开发比较匮乏，使得科普市场的产品结构单一。由于雷同问题广泛存在，因此很难激发消费者多次购买的欲望，这也导致很多产品的生命周期较为短暂。此外，一些高端产品项目比较缺乏，难以满足市场需求。

科普产业具有明显的创意产业特征，很多原创技术、产品和服务都亟须知识产权政策的保护。科普产业新产品附带的知识和技术经常被复制和模仿，为原创企业带来难以忽视的影响。这种“搭便车”行为反过来会伤害整个产业，降低科普产业发展的活力与动力，从而影响整个产业的长远发展。

6.2.4 缺乏合理的产业集群

缺乏合理的产业集群主要表现在两个方面。一方面，缺少营业规模较大的活跃的科普企业。大部分科普企业的营业规模处于低水平线上，只有少数几个机构的营业规模高于 5 亿元，这很难带动整个产业的发展。而且，大型科普机构较少，不利于精细化分工市场的形成，导致很多产业分工只在机构内部进行。另一方面，企业的成长与分工程度密切相关，只有分工不断细化，才会有新的企业出现[390]。在一定数量上，分工类似的企业会聚集在一起，壮大新兴产业。目前，全国没有科普产业市场主体异常活跃的地区，除上海、北京略显突出外，其他省市基本处于产业不多的平均状态，这样很难形成产业集聚。只有产业集聚形成后，政府才可以更好地对产业进行集中管理，让政策更好落实，从而发挥产业发展的集群效应。

此外，科普产业还没有形成高等院校、科研院所、企业、政府及中介服务机构共同参与创新活动，多主体相互关联的创新网络。首先，企业还不是科普创新活动的核心，无法起到承担创新成果产品化和市场化的作用。其次，高等院校、科研院所与企业的互动较少，没有成为科普企业创新的“源头之水”。最后，科普中介机构大多处于独立操作的状态，桥梁作用不足。总之，这些问题导致很多配套产业发展不同步，很多科普企业缺乏核心创新能力。

6.3 科普产业发展趋势

6.3.1 科普产业市场需求日益增加

1. 科普需求市场日益增大

科技进步全面带动科普需求市场，公众对科普的消费日益认同。北京、上海、江苏、安徽等省市已具备培育和发展科普产业的良好基础，集聚了一批社会化、市场化的科普机构，如果壳网、上海科教电影制片厂、科学明航会、上海科技管理有限公司等。果壳日历的年销售额超过 1000 万元，并呈旺销势头。上海科学技术博览会门票经常售罄，观众争相购票观展。这些都充分说明中国的科普需求市场日益增加。

2. 新媒体科普渐成主流

随着网络新媒体技术的发展，尤其是与手机终端结合、能够实现零距离供给的科普产品受到公众青睐，如 VR、AR、MR 形式的短视频、新型科普读物、科普动漫和影视产品、科普游戏等。同时，以 AI 技术为主导的科普内容可能是未来媒体的趋势，也许会成为科普传播的主要媒介，这就需要相应的科普产品与之结合，从而有效占领科普市场。根据工信部信息中心和中国互联网协会发布的数据，2017 年，中国互联网百强企业的业务收入总规模达到 1.07 万亿元[391]。虽然科普内容及相关业务所占比重不高，但未来能够带动巨大的信息消费。

3. 购买社会服务需求持续增强

2017 年 2 月，《义务教育小学科学课程标准》出台，明确提出将 STEM（指科学、技术、工程和数学，即 Science，Technology，Engineering，Mathematics）教育内容融入小学教育课程，全方位推动校内外、课内外 STEM 发展，这就带动了学校和教育机构对科普、科学教育服务的购买需求。据中泰证券调研分析，中国的 STEM 教育行业有 400 多个品牌，7000 多家机构，虽然市场规模不大，主要为 200 亿~300 亿元，但市场需求非常大。与此同时，随着互联网和新媒体技术的发展，中小学在线教育市场成长速度更快，科技在线教育也呈高速增长态势。

4. 科幻影视产业发展潜力大

随着年轻公众对科幻类产品内容的关注，科幻影视产业产生巨大的发展潜力。2016 年，中国动漫产业总产值达到 1325 亿元，增长率为 10.4%，中国科幻产业整体市值接近 100 亿元。其中，科普动漫产业受众较广。根据工业和信息化部《2018 中国泛娱乐产业白皮书》，2017 年，中国动漫核心用户超过 8000 万户，被称为“二次元”的人群总数超过 3 亿人，且 97% 以上是“90 后”和“00 后”[392]。由此可见，新的科技发展方式和随之而来的变革将会激发科幻影视等相关产业的巨大发展潜力。

6.3.2 科普产业政策体系日益完善

科普产业是市场经济的产物，也是与科普事业发展相互促进而出现的行业，但归根结底是国家政策推动下的市场经济发展的结果。伴随着科普产业的繁荣发展，国家和地方层面出台了一些促进科普产业发展的政策或与科普产业密切相关的科普政策，但是仍无法满足科普产业发展的需要。中国的科普产业之所以仍然处于发展中状态，归根结底是因为国家科普产业政策支撑体系还没有建立起来，政策对资本投入科普产业的吸引作用还没有发挥出来。因此，科普产业对政策体系建设的需求越来越迫切，科普产业政策体系化建设需要在以下 3 个方面有新的突破。

1. 科普产业政策体系研究更加全面系统

目前，学术界已经开展的一些有关科普产业的政策研究一般都局限于政策的梳理等定性层面，普遍缺少相关数据的定量支撑，而且比较分散，不成体系。在国家文化产业发展的大背景下，发展科普产业需要一整套体系化的政策扶持、推动，也需要系统梳理中国已有的科普产业政策、文化产业发展政策和相关措施，科学、合理评价现有政策的实施效果，进而审视现有政策对科普产业发展的支撑、支持效果。这就需要广泛深入开展扶持、支持科普产业发展政策的理论研究、实践研究和体系化研究，例如，科普税收优惠制度，科普产业基金制度、专项制度，科普产业示范基地和园区建设制度，科普产业准入制度、投融资制度、创新支持制度、知识产权制度、行业自治机制、产业联盟制度，以及科普产业的认证、认定和相关标准、规范等研究，特别要及时开展《中华人民共和国科学技术普及法》修订或实施细则的研究制定工作。在新时代科普产业发展的带动下，对科普产业政策的体系化、规范化、深层次、广范围的研究工作应持续开展，将来可建立比较完善、规范、科学的中国科普产业政策体系。

2. 科普产业的知识产权运营制度进一步完善

科普资源创作主体大众化发展带来的问题之一是科普创作产品和科普服务的知识产权运营。科普产业发展的知识产权运营表现在许多方面，例如，各类科普产品的专利，科普作品的著作权，科普产业的技术秘密、商标、品牌、软件著作权保护等都需要激活存量知识产权，优化增量知识产权，强化原有知识产权和新增知识产权的整合运用与运营。目前，科普产业的知识产权运营已经成为迫切需要解决的问题，应进一步加强相关问题的理论研究与实践探索，促进出台相关政策，及时研究、比较、借鉴国际先进理念和做法，推动中国科普产业的知识产权运营科学化、规范化、制度化、体系化发展。

3. 科普产业体系化建设更加健全

科普产业是科技、信息、资本、市场、政策、人才等要素的融合体，具有产业要素的平台化聚合作用。随着国家对文化产业、信息消费的扶持力度不断增强，更多的文化产业政策、信息消费政策出台，这有助于推动科普产业发展，促进科普产业的平台聚合作用进一步发挥。在国家建设现代产业体系的大背景下，支持文化产业和科普产业的政策将更有针对性和指导性，推动科普产业走向体系发展的政策体系、标准体系、服务体系、人才体系、国际化体系、组织化体系等政策将会逐步健全。

6.3.3 科普产业创新实践不断扩展

满足广大人民群众日益增长的科学文化需求已经成为新时代的目标之一。同时，建设世界科技强国、制造强国和网络强国的目标需要千千万万的人通过不断地奋斗来实现。大力发展科普产业是提高广大人民群众科学素质的最重要途径之一，也是满足广大人民群众日益增长的科学文化需求的必要方式。新时代新需求必将促使科普产业的实践全方位扩展。创意无限的科普作品、奇妙有趣的科普小镇和科普小院、趣味无穷的互动科普展品、引人入胜的科普游戏、美轮美奂的科幻大片、丰富多彩的科普视频、令人流连忘返的科普旅游等，必将不断拓展科普产业的业态，不断丰富科普产品和服务的种类，不断深化科普研究实践的内容，为科普产业的发展带来无限的发展空间。同时，全国科技活动周、全国科技工作者日、全国科普日等系列活动，各类科普博览会、展会及学术会议活动，科普园区建设，科技资源科普化建设，企业科普大发展等科普实践活动都为科普产业发展提供了平台和载体。

1. 科普产业相关组织建设有序发展

随着科普事业和科普产业的良性互动发展，一些原有的推动科普产业发展的组织机构将重新建立。一是一些新的科普相关组织机构将应运而生，国家级科技传播机构，北京科学中心、河北科技馆、河南科技馆、湖北科技馆、山东科技馆等省级科技馆体系的龙头机构，以及深圳科技馆、广州科学馆、大连科技馆等中心城市的科普场馆建设，将从智力需求源头上赋予科普产业发展新动能。二是依托中国科普研究所等专业科研院所或依托中国科协北京大学科学文化研究院、中国科协清华大学科技传播与普及研究中心、中国科学技术大学科普产业研究所等建立的高等院校的相关研究机构，以及中国自然科学博物馆学会、中国科普作家协会、中国科技新闻学会等相关学会，将建立新时代科普研究和科学文化研究智库。此外，在国家相关政策支持下，利用社会资本建立民间科普智库也有很好的发展前景。这些科普智库将通过开展科普咨询、培训、活动、商店营销等工作进一步丰富科普咨询产品，为科普产业的蓬勃发展提供坚强的理论、实践、政策和国际化研究支持。三是在国际化大背景下，一些国内相关组织机构可以与国际相关组织机构联合成立新的科普组织机构。同时，越来越多的国际科技传播组织总部会落户中国，这对科普产业领域的国际交流可起到巨大的推动作用。四是世界公众科学素质促进大会等高水平、高层次科技传播方面的国际会议等交流平台也促使中国科普领域建立与加强国际组织交流。所有这些因素都会不同程度地推动科普产业组织建设有序发展。

2. 科普产业的数字化支撑更加有力

网络新媒体、人工智能、大数据、云计算、物联网等技术的发展引领科普方式变革，为科普产业发展提供数字化、智能化和网络化的有力支撑。VR、AR、MR 等形式的科普短视频、电子科普读物、互动式科普动漫、科普游戏、科幻作品和影视作品表明新形式科普产品不断出现。同时，这些新技术的应用也推动科普服务转型升级，只要有网络信号，人们在任何地方都可以浏览全世界的在线科普产品，都可以接受全世界任何一个角落提供的线上科普服务。人们还可以在任何一个终端上，无论是固定的还是移动的，通过下载一个 APP 软件或者关注一个科普微信公众号，获得科普服务，从而极大地丰富科普产品和科普服务市场。网络新媒体、人工智能、大数据、云计算、物联网，以及 5G 等技术已经成为科普产业发展的重要支撑，将为科普产业数字化、智能化和网络化发展插上腾飞的翅膀。

3. 科普产业的新业态不断出现

随着科普产业的不断发展，新的业态不断出现，STEM 教育的科普产业需求拉动就是其中一个例子。STEM 教育一直在发达国家盛行，直到近年才引起中国重视。STEM 教育内容直接融入小学教育课程有力推动了 STEM 教育在中国的全方位发展。STEM 教育对科学教育的产品需求和服务需求不断增长，催生了一些新的科普产业的业态，对中国科普产业发展起到了很好的推动作用，这将成为科普产业发展的新引擎。STEM 教育成为科普产业发展新的增长点的同时，如何满足 STEM 教育对科普产业的需求将是业内人士需要深入研究和解决的现实问题。此外，原有科普产业业态的内涵和外延也在不断更新。例如，在科普旅游方面，科普小镇游和科普小院游、知名企业游及高等院校和科研院所实验室科学体验游等科普旅游形式不断丰富。再如，在科普影视方面，科幻影视产业也将成为中国科普产业发展的新的增长极。

4. 科普产业的盈利模式更加多元化

一直以来，科普都是以公益的形式出现的，近年来，经营性科普行为的出现为探索科普盈利模式开辟了新的路径。在创新型国家建设和世界科技强国建设的新的历史阶段，科普产业将成为新的盈利增长极，投入科普产业的社会资本将进一步增加。从整个科普产业的发展到具体的科普产业业态的变化，再到新的科普产品种类和科普服务形式的出现，特别是科普盈利模式的出现，无不体现了科普的多元化特征。事实上，科普盈利模式以往就有，例如，科普场馆门票、科普电影门票、科普旅游、科普展览、科普图书销售的收入，以及科普展品制作、维护的收入和科普衍生品销售的收入等。近年来，新的科普产业盈利模式不断出现，例如，科普创意（包括科普商业创意策划、科普企业营销、创客等科普产品和科普服务的创意）、科普主播的有偿科普讲解、科普微博微信视频的有偿阅读和观看，以及网上科普浏览产生的流量收入等都可能催生新的科普产业盈利模式。

6.4　小结

目前，科普产业仍具有很大的不确定性，萌芽期仍然需要一定时间。这种不确定性包括技术的不确定性、市场的不确定性和机构的不确定性。什么技术是科普产业继续发展的方向仍然不明确，国内外都缺少可以借鉴的案例与成功的样板，无法通过消化吸收再创新的方式确定。市场的不确定性表现为，新的消费需求的出现或其他经济及社会方面的因素使某种新产品或新服务得以市场化，但某些先进技术的市场需求却可能比较小，无法体现技术的经济价值。市场的不确定性使得产业内的机构开拓市场的积极性不高，也就出现了机构的不确定性，这表现为在科普产业萌芽期内可能会出现产业内企业数量减少的现象，甚至在此期间，企业会降低技术创新的投入，直至部分企业退出。目前，科普产业的状况是，消费需求已经出现并日益高涨，但迎来较高增长仍需要一定时间。随着科普产业市场化的发展，科普产业将从原有的社会公共事业中逐步脱离，完成管理机制、运营理念和消费市场的改造和设计，逐步由传统公共事业向新兴产业转变。未来，科普产业的良性发展仍需制度、市场、环境等条件的保障。

6.4.1　提供科普产业发展的制度保障

科普产业的发展需要同时兼顾经营性和公益性，需要将发展经营性科普产业与弘扬科学精神、普及科学知识、建设中国特色社会主义文化结合起来，确保科普产业发展方向正确。科普产业发展需要研究并制定激励科普企业发展的相关税收和保障细则，完善科普产业的管理制度和部门，尽快制定科普产业的认定制度、产品技术规范、标准体系和市场准入机制等关键性制度，同时加大政府投入，吸引社会资金，完善产业投融资渠道，扩大政府购买科普产品和服务的范围，带动科普企业发展壮大，形成政府、企业、金融机构及各类社会团体等多元互补的良性科普产业投融资机制。

科普产业很多是由公共事业转化而来的，天然与政府关系密切，作为萌芽期的新兴产业，也需要政府创造良好的产业环境，通过政府采购、首台（套）产品采购等方式，扩充科普产业发展的市场空间，创新商业模式。科普产业的发展需要扩大产业主体规模，构建深层合作关系，培育旗舰企业，打造精品，提升品牌效应，从而推动整个产业快速发展。

6.4.2 调动以企业为主体的社会资本投入

发展科普产业，需要做到以下几点。第一，利用科技、农林、气象等领域的大量科普资源，在高科技产业资源聚集的地区形成科普产业基地，推动企业发展，带动产业优化升级。第二，发挥特色科普产业园区的示范作用，带动周边省市中小型企业逐渐加入，提高科普产品的整体研发和原创能力，做强企业品牌，逐步形成产业集群。第三，大力培养产业领军人才、企业家和急需人才，打造产业发展人才链，满足和适应产业发展和企业成长不同阶段的人才需求。第四，支持研发科普展教品的新技术，除了对科技馆等基础科学进行展示和教育，还应加强与科普企业的合作，紧跟科技前沿，运用最新技术开展科普展教品的研究开发，注重开发智能化、娱乐化、艺术化、标准化的科普展教品。

6.4.3 加强科普产品知识产权保护

只有成熟的知识产权制度，才能让企业在进入科普产业后快速积累利润，为后续发展奠定良好的资金基础，形成科普市场的良性循环。科普产业与创意产业具有很强的相关性，由于好的创意有时候可以创造一个新的市场，因此在加速推进科普产业培育的过程中，应加强科普产品知识产权保护，尤其对科普原创作品、科普展教品的优先署名权应加以保护。探索建立科普产品知识产权专有和科普资源共享机制，应在完善科普文化产业知识产权数据库的基础上，探索建立科普产品知识产权的综合运用和纠纷救济机制，保护科普产品原创人员合法权益。

6.4.4 发挥科普产业集群效应

在发展科普产业的过程中，结合社会经济发展状况和区域资源优势，优先发展重点业态，逐步带动相关产业联动发展。参照高新技术产业园发展模式，建设科普产业园，打造科学中心等，例如，在北京、上海、广州、芜湖等地建设国家科普产业示范园区及科普示范基地。对于符合科普产业发展规划的产业园区和示范基地，推动地方政府在土地使用、基础设施建设、税收政策等方面给予支持。

第 7 章 典型案例

7.1 中国科学技术协会科普中国品牌探索实践

科技创新和科学普及是实现创新发展的两个方面。提升科普信息的权威性和影响力有两个难点：第一个难点是如何充分发挥科学家作为科学普及信息源头的重要作用；第二个难点是在移动互联网环境下如何让科普信息流行起来[393,394]。随着国家科普信息化建设工程的启动，中国科学技术协会成功实施“科普中国”移动端科普融合创作项目和科普重大选题融合创作与传播项目，以传播效果推动科普选题创作与传播，初步探索出一条以科学资源为核心，科普创作团队与传播渠道无缝对接的“互联网+科普”融合创作与传播之路[395-397]。

7.1.1 “互联网+科普”融合创作路径

1. 精准定位，明确科普融合创作关键要素

有机融合科学家团队、科普团队与媒体渠道的科普创作，以此实现多种媒体形式的融合、科学与艺术的融合、传播渠道的融合及服务模式的融合，这样创作的移动端科普作品才能发挥移动端信息交互方式和呈现方式的创新优势，实现内容和形式的完美结合，以及传播方式与服务方式的优化和效果的最大化。

2. 轻量快捷，提出科普“轻骑兵突击队”理念

倡导理想的科普融合创作团队更像是科普的“轻骑兵突击队”，可以针对社会科技热点，快速响应，灵活科学有效地组织科学家、科普创意与制作人员和渠道传播人员共同开展创作与传播，对科技热点进行及时、权威的解读，对网友形成正确的引导，取得广泛的传播影响力。

3. 打造连接器，构建科普融合创作的微生态系统

以计算机网络信息中心为连接器，密切联系科学家团队、创作团队与媒体渠道，利用更大传播影响、更多科学资源和经费支持、更高品质作品，解决其宣传自身工作成果、发展团队业务实力和拓展优质内容的痛点，自愿打开各自的界面和接口，在科普作品的选题策划、资源采集、设计制作和传播评估等各环节有机融合，显著提升作品质量。中国科学技术协会特别针对作品的科学性把关和科学资源采集，提供充足的科学资

源投入，吸引了 47 位具有较高学术造诣和威望、热心科学传播、深刻理解科技发展、敏锐把握时代需求的院士专家组成专家委员会，对项目的科学性进行审查把关，全过程监督和指导科普作品选题创意、创作和成果评审。同时，来自中国科学院及其他社会机构从事能源与资源、材料与制造、信息网络、生物工程、人口健康、生态与环境、空间与海洋、重大基础前沿与交叉学科研究领域工作的 300 多位专家共同组成科学咨询团队，为入围团队的科普创作提供科学咨询，有效保证作品质量。

4. 聚焦移动端，抓住最大的网络用户群体

项目以移动互联网为主要传播阵地，创造与之相适应的资源传播生态环境，调动多种科普传播渠道传播作品。除了“科普中国”APP、腾讯视频和新华网这 3 大渠道，与今日头条、凤凰、新浪、网易、搜狐等 50 多家媒体渠道建立合作关系，覆盖各大主流媒体的新闻客户端、WAP 端、电脑端、微博、微信等近 70 个平台[398,399]。

5. 重视效果，发挥财政资金“先期引导、后期重奖”的激励机制作用

由中国科学技术协会和计算机网络信息中心共同制定的激励管理办法，以移动端传播渠道的需求满足和传播效果为创作质量和社会效益的重要评测依据，推动创作团队找准目标受众，与传播渠道提前沟通、对接，创作时迎合真正的用户需求，催生含有更多创新元素、更高效率、更低成本的科普融合创作协作模式和作品。计算机网络信息中心作为项目承担机构，进一步发挥“推进器”的作用，从人员、技术、管理、机制建设、信息化平台等多个角度投入、配置自身资源，在全面促进项目预期目标实现的同时，尽量保障各方利益，为其持续发展提供动力，为科普事业长远发展做出贡献。

7.1.2　科研+科普融合发展路径

1. 设置合理门槛，精准定位需求

对于创作团队，合理设定参与门槛并做好调研评估，确保团队人员都将科普创作作为其持续发展的业务方向之一，只有这样，在创意策划和实施科普转化过程中，他们才能全力投入，不断学习积累，不断创新作品形式，创造优秀的作品。对于媒体渠道，深入调研并了解他们的目标受众和创作风格，并组织创作团队紧密对接媒体，这样可形成合力，创作更有阅读或观看价值的科普内容。

2. 用科普创作与传播，反哺科学研究

对于科学家团队，只有当科普工作有利于促进科研工作时，才能真正调动他们参与科学传播的积极性和参与度。要达到这个目的，一方面，应做好总体选题调研和规划工作，做出选题预判，提前部署，在时间充裕、沟通充分的基础上，让科学家团队更好地理解创作意图，提供高质量的科学信息，并通过这个过程，提升与创作团队和传播渠道沟通的能力和资源准备；另一方面，指导创作团队和传播渠道结合自身特点，适当聚焦相关学科领域，持续积累，达到作品更加专业化的目的。这样，项目产生的科普融合创

作作品才能真正促进科学家团队工作成果得到大众认可，从而激励科学家团队继续积极参与科普工作，同时创作团队和传播渠道也会因创作和传播这些稀缺的科普内容而获得相应的美誉度。

3. 总结示范，吸引更多社会力量参与

“科普中国”移动端科普融合创作项目和科普重大选题融合创作与传播项目汇聚250家创作团队、65家媒体渠道、500个常规选题作品、25个重大选题科普作品传播，这是对组织协调和机制体制建设的一个极大考验，但成功实施后可提供丰富的经验，起到一定的示范作用。项目期间及后续服务期，及时总结交流，多形式开展融合创作沙龙活动，分享成功模式和经验，吸引和培育其他潜在人员参与到科普事业中，从人力资源方面做到可持续发展。

7.1.3 合力塑造科普品牌影响力

1. 作品专题化

融合创作产生的大量原创科普作品为适应移动互联网传播需求，多具备聚焦热点、短小精悍、内涵丰富、趣味十足的特点，呈现主题多样、受众多元的特色。要想达到最大的传播效果，原创科普作品需要根据所涉及的主题向专题化方向转变，这样一方面能够透彻解析相关科技内涵，另一方面可产生关联传播效应。

2. 品牌系列化

融合创作有利于丰富作品形态，例如，视频作品可呈现实拍、三维可视化、平面手绘动画和立体拍摄动画等多种形态。创作团队可根据自身的技术特点使作品呈现不同的风格。此外，根据技术发展趋势，紧贴市场需求，有目的地培育10个以上的融合创作品牌，着力打造和提升融合创作的品牌影响力。

3. 团队专业化

科普创作的难点在于如何通过理解和把握科技内涵，将其转化为作品，进而传递给目标受众。科普创作涉及的专业知识广泛而深刻，过于散漫的团队不足以创作高品质的作品。项目着力引导团队发展自身专业，不断提升团队成员的科学素养，积累和丰富特色原创资源，提高工作效率和质量，应对重大选题的及时高效创作和传播挑战，例如，引导有的团队成员专攻基础科学的原理可视化内容，有的专攻技术创新的信息图等。

我国一些地方试点推行在科研项目中融入科普内容的模式，中国科学技术协会开展了一些促进科研论文向科普转化的活动，例如，“科技期刊与媒体见面会”活动搭建了科技期刊与媒体互动的平台，让一些优秀科研成果得以传播[400]。近年来，随着新媒体的发展，科技资源科普化实践呈多样化方式发展，一些科技工作者通过微信公众号将优秀期刊的最新文章进行科普化解读。上述各种政策、措施和实践都说明科研论文的科普转化越来越受到重视，同时通过实践推动科研与科普结合，促进科学传播顺畅发展。

4. 渠道特征化

媒体参与这些项目活动能获得持续不断的科普资源，尤其是来自科学家的第一手科普作品，减少了他们组织资源和创作的成本。此外，高质量的科普作品产生的流量可为媒体带来直接的经济收益，尤其是“科普中国”品牌建立以后，其作品的影响力和点击量持续提升。因此，媒体具有投入重要展示位置等资源支持内容创作的动力。但是考虑到可持续运行的要求，优势媒体应结合自身业务发展策略，与中国科学技术协会合作开设特色频道或栏目，组织和生产细分的科普内容，吸引并形成独有的受众群，塑造商业价值，进而反哺科普传播。“互联网+科普”理念的提出和科普信息化建设工程的实施，为中国科普工作带来了强劲动力和创新活力[401]。

7.2　中国科学院科普探索实践

7.2.1　“1+3+5”科技资源科普化体系

中国科学院的科普实践先于理论。“十三五”时期，中国科学院推动实施“高端科研资源科普化”计划，为进一步深入推进科研资源科普化积累了丰富的实践经验[402]。2015 年 3 月，中国科学院联合科学技术部发布《关于加强中国科学院科普工作的若干意见》，在这个基础上形成“1+3+5”科技资源科普化体系。其中，“1”指打造 1 个科普工作“国家队”；“3”指服务国家、服务社会、服务中心工作 3 个宗旨；“5”指基地建设、产品建设、队伍建设、活动建设、平台建设 5 项工作。中国科学院由此取得一系列成就，建成了一个国家科普示范基地；开展了科普融合创作与传播工作，打造了中国大科学装置出版工程[403]；形成了包括 105 个研究所、12 个分院和 3 所大学在内的人才培养网络；建成了“科学大院”和“中国科普博览”科普平台[404,405]。

1. 科普基地

将科研设施设备转化为科普设施，让原本供科研人员使用的科研设施被公众所了解，这样既可提高科研设施的使用率，又能增加科普设施的经济来源，不仅拓展了科研设施的作用，而且增强了科研资源的集约利用。中国科学院在科普基地建设方面主要做了两项工作：一项是建设科普场馆，在不影响科研本体的基础上，开放一部分区域供公众使用；另一项是建设国家科研科普基地，打造 1 个国家科普示范基地，支持建设 7 个国家科普旅游基地和 7 个国家科研科普基地。

2. 科普活动

科普活动作为科学知识传播的载体，为广大群众和科技文化之间搭建了桥梁。而且，形式多样的科普活动在将抽象的科学知识直观表达出来的同时，丰富了人民群众的文化生活，这是一种提高公众科学素养的必要手段。在这方面，中国科学院主要做了4类工作：承接全国性科普活动，例如，全国科普日、全国科技活动周等；举行全员性活动，例如，公众科学日、科学节等；举行专题展览活动，例如，“率先行动”成果展；举行其他特色科普活动。

3. 科普产品

科普产品是科学家运用科研资源创造的服务科普工作的图书、微视频、展品等产品。科普图书以公众为读者对象，系统完整地传播科技知识和科学方法，具有较强的指导性和可操作性，有利于人们形成一定的理论和观点，从而达到拓展人们思维的目的[406]。科普新媒体产品是碎片化阅读时代的产物，其特征为通俗易懂。中国科学院组织创作的科普产品包括编写“创新报国70年”报告文学丛书、联合发行科技创新邮票、积极进行科普融合创作与传播、编写中国大科学装置图书等。

4. 科普人才

人才是第一资源，科普事业的发展离不开科普人才的支撑[407]。借助专业的科普组织力量，扩大专、兼职科普人员队伍，多渠道鼓励科研人员参与科普活动是科技资源科普化的关键因素。中国科学院已打造了一个科普人才网络，常规队伍包括105个研究所、12个分院、3所大学，主要依托力量为6大联盟，包括天文科普联盟、植物园科普联盟、标本馆科普联盟、智能科普联盟和科学教育联盟，常规支撑单位有科学传播研究中心、网络中心、植物所、院史馆等[408]。

5. 科普平台

科普平台主要包括科学大院、中国科普博览等。通过这些平台，能更快、更全面地提供科普信息资源。而且，通过既便宜又轻松的方式向用户发放“名片”，可形成全面互动体系，从而有利于提高科普工作效率[409,410]。

7.2.2 主要经验

一是建立科研与科普相结合的机制，这是科技资源科普化的核心。二是多渠道鼓励科研人员参与科普，这是科技资源科普化的关键。三是再组合再创新科技资源，这是科技资源科普化的重点。四是发挥专业科普组织和社会组织功能，这是科技资源科普化的有效手段。

7.3 典型能源学会科普探索实践

7.3.1 中国电机工程学会

中国电机工程学会全面创新科普工作，提升科普整体水平，实现电力科普常态化、社会化、品牌化发展，助力中国公民科学素质提升。中国电机工程学会制定了“一个规划”（《中国电机工程学会科普发展规划（2017—2020—2025 年）》）[411]，创建了“一个品牌”（“电力之光”，包括“电力之光中国电力科普日”“电力之光科普下乡活动”“电力之光科学传播专家”等）[412]，联合 12 家理事长或副理事长单位签署了“一个协议”（“电力之光”科普行动计划战略合作框架协议），围绕建立现代电力科普体系、助力提升公民科学素质、服务国家创新驱动发展“三个目标”，遵循勇于创新、围绕热点、共享资源、打造品牌“四个理念”，依托加强组织领导、加大资金支持、开展评价激励、强化宣传交流、营造环境氛围“五个支撑”，开展“六项主要任务”，即：建立一个“互联网+科普”的信息化工作平台，打造一个电力科普基础设施阵地，建设一支结构优化的电力科普人才队伍，推出一批优秀的电力科普精品，打造一个形式多样的科普品牌活动集群，探索一种共建共享的电力科普机制。

7.3.2　中国水力发电工程学会

中国水力发电工程学会很早就把科普宣传确定为其支持水力发电行业发展的一项重要工作，根据行业特点开展科普和宣传工作。从 2007 年起，中国水力发电工程学会每年都会针对当年的主要舆论问题，开展一到两次绿色能源科普论坛，科学分析各种舆论问题的根源，纠正各种不利于行业发展的伪科学误导宣传。此外，中国水力发电工程学会在官方网站设置了“水电科普”专栏，开展“水电与新能源科普教育基地”建设。不仅如此，中国水力发电工程学会还根据各会员单位的需要和要求，制定了水电宣传的五年规划，系统正面传播水电知识。这种重视科普和宣传的策略为行业发展起到保驾护航的重要作用。

7.3.3　中国能源研究会

中国能源研究会主要从科普活动、科普读本、科普队伍、科普基地等多个方面进行实践，并组建科普工作委员会。在科普活动方面，中国能源研究会除了参加以中国科学技术协会为主推动的全国科技活动周、全国科技工作者日、全国科普日等活动，还创建了全国节能宣传周活动品牌，举办与能源相关的科普活动，如“我与‘双碳’主题创意大赛”，并且创建了能源大讲堂科普讲堂品牌，定期邀请能源领域专家开展科普讲座。在科普读本方面，中国能源研究会编制完成《核电科普手册》《电力科普手册》《煤炭科普手册》《话说低碳生活》等系列科普读本，并将其作为网站公开资料供会员免费阅览和下载。在科普队伍方面，中国能源研究会向中国科学技术协会推荐了 2 名首席科学传播专家[413]。在科普基地方面，中国能源研究会开展年度科普教育基地认定工作，打造电力、煤炭、油气三类科普教育基地。

7.4　全国学会科普工作成效

根据《中国科协 2021 年度事业发展统计公报》，全国学会在科普基础设施建设、科普宣讲活动、青少年科技教育、科普传播等方面取得显著成效[414]。

7.4.1 科普基础设施建设

截至2021年底，各级科学技术协会拥有所有权或使用权的科技馆数量为1004个，总建筑面积为553.8万平方米，展厅面积为296.6万平方米。已实行免费开放的科技馆为937个，科技馆全年接待参观人数为5092.4万人次，流动科技馆为1054个。科普活动站（中心、室）为48 478个，全年参加活动（培训）人数为2784.4万人次。科普画廊建筑面积（宣传栏、宣传橱窗）为142.5万平方米，全年展示面积为312.5万平方米。科普大篷车为1311辆，全年下乡次数为4.1万次，全年下乡行驶里程为732.5万公里，受益人数为2589.3万人次。

7.4.2 科普宣讲活动

2021年，各级科学技术协会和两级学会举办科普宣讲活动39.0万场次，其中，专家科普报告会5.0万场次，专题展览1.3万场次，科技咨询11.2万场次，受众人数为23.23亿人次。此外，各级科学技术协会和两级学会举办实用技术培训8.9万次，接受培训人数为1539.3万人次，推广新技术新品种25 520种。各类科普活动覆盖村（社区）28.5万人次。

7.4.3 青少年科技教育

2021年，各级科学技术协会和两级学会举办青少年科普宣讲活动11.7万场次，青少年科普宣讲活动受众人数3.6亿人次。举办青少年科技竞赛6136次，参加竞赛的青少年人数2915.7万人次。举办青少年科学营781次，参加人数9.6万人次。编印青少年科技教育资料2722种，印数580.9万册。举办青少年科技教育活动和培训40 845场次，参加培训人数6747.2万人次。通过中学生科技创新后备人才培养项目培养科技型学生7.5万人。

7.4.4 科普传播

2021年，各级科学技术协会和两级学会编著科技图书5866种，印数5681.6万册。制作科普挂图79 024种，印数1181.4万张。制作科技广播影视节目总时长4.5万小时。播放科普动漫作品总时长28.3万小时。主办科普传播类网站1572个，全年浏览量143.3亿人次。创办科普APP软件247个，下载安装1333.6万次。创建科普微信公众号2767个，关注人数9683.4万人。主办科普微博589个，粉丝数6.0亿人。科普中国平台累计传播总量410.34亿人次，其中，移动端306.43亿人次。

7.5 小结

7.5.1 科普中国助推高质量科普服务体系建设

中国科学技术协会联合主流媒体和网络平台开展的“科普中国”平台建设和创作联合行动可不断强化科普中国内容的科学性和权威性，不断提升品牌影响力，为打通科普创作的内容供给、评价认证、渠道传播、体系联动、社会协同的全链条发展路径创造条件。中国科学技术协会以“科普中国”品牌为引领，通过搭建各类科普工作平台，建立科普工作与组织建设融通贯通机制，建设科普专业人才队伍，深化科普供给侧结构性改革，构建品牌、平台、机制、队伍、改革、阵地“六位一体”高质量科普服务体系。

7.5.2 中国科学院科技资源科普化的推广经验

中国科学院建立科研与科普相结合的机制，采取组织结构调整、项目介入、国家任务牵引等方式推进高端科技资源科普化，利用多种渠道鼓励和保障科研人员参与科普工作。一方面，通过科研设施开放机制的建设，打造一批科普场馆。另一方面，通过建设联合开发机制，会同有关部委，共同打造具有科研特色的科普基地，使其在科普领域发挥示范引领作用。科技资源科普化在不影响科技创新的前提下，在中国科学院探索科技资源的再组合、再创新模式下，基于科技创新活动研发科普产品、组织科普活动，充分发挥专业科普组织和社会力量的保障功能，体现专业科普组织的力量和经验。

7.5.3 各学会科普工作成效突出

各学会通过开展大量科普活动，各种各样的形式，为推动不同地域、不同公众群体科学素质提升贡献力量，取得显著成效。

1. 科普工作体系建设不断创新

一大批学会在秘书处层面成立内设机构，在分支机构层面成立科普工作委员会，或在秘书处安排科普工作岗位，并给予专项资金支持。科普工作纳入工作考核和奖励机制，打造多个科普品牌。

2. 科普与其他业务有机融合

科普工作与党建工作、学术交流、科技咨询服务融合，建设以高层专家为主导、专兼职科普人员结合的科普人才队伍。院士带头参加科普活动是全国学会科普工作的一大特色。

3. 科普运作出现品牌化态势

科普志愿者服务品牌、科普顶级专家团队品牌、科普讲座品牌、科技竞赛品牌、主题活动品牌等起到特殊的示范引领和辐射作用，在开展各种形式的科学教育传播与普及活动中发挥积极作用。

4. 科普工作形成多方联动合力

各相关部门和全国学会逐步建立科普工作联动机制。例如，除了专业人士，社会各界人士也参与到常规科普和应急科普工作中，应急科普团队针对火灾、坍塌、山体滑坡、危险化学品事故、地震和交通事故等各种类型的灾难开展大量应急科普宣传培训工作。同时，加强科普资源共建共享，加快建设科普教育基地和流动科技馆，使其成为重要科普阵地。

第8章 典型企业科普体系

本章以三峡集团为例，介绍其在“科普体系建设”与“科技资源科普化”方面进行的工作实践与取得的可借鉴经验。

8.1 数据基础

数据基础主要分为科技资源数据和科普资源数据。科技资源数据主要指三峡集团拥有的科研设施设备，具有知识产权的各类科技成果、研发人员，以及其他科技资源。科研设施设备包括科研机构、科研类固定资产，以及具有知识产权的科技成果，例如，三峡集团作为著作权人发表的文章、著作等，或三峡集团作为专利权人获得的各项专利等。科普资源数据主要指与三峡集团相关的各类科普设施设备、产品、人才等，例如，科普图文、科普视频、科普人物等。

数据主要来自于各类公开的网络资源和实体资料数据。网络资源主要包括自媒体、官方媒体等公开报道的信息资源，以及各类网站关于三峡集团的科技和科普信息资源。自媒体资料来源有“三峡小微”微信公众号、“中国三峡”新浪微博、“中国三峡”抖音号等。官方媒体资料来源有《人民日报》、《科技日报》、《工人日报》、人民网、新华社、央视新闻等中央媒体资源，以及各个地方媒体资源。各类网站信息资源来源有中国知网的期刊文献、中国科学技术协会和全国一级学会网站新闻报道、科学技术部和省科技厅通知文件等。实体资料数据来自于各类与三峡集团相关的工程、展览馆、博物馆、基地，以及《中国三峡》杂志、《中国三峡工程报》等公开出版物。

8.2 科普作品

8.2.1 科普出版物

2011 年以来，三峡集团陆续组织出版了以《图解大国重器：三峡工程》为代表的科普图书，还联合外部机构在《科学世界》等杂志创办“聚焦三峡”“再谈三峡”“海上风电”等专刊，传播关于三峡工程、新能源工程的各种科技知识。2019 年，三峡集团推荐申报的 7 部作品全部获得“中国能源研究会能源优秀科普作品”奖，其中，《长江三峡 STEM 科学探索课程》《我与中华鲟 共护长江美》《生态小公民（幼儿版）》《护鲟记》等获得图书类奖项，《中华鲟的小秘密》系列科普视频获得影视动画类奖项（见表 8-1）。

表 8-1　三峡集团科普相关出版物

序号	出 版 物	类型	出版时间
1	《科学世界》“聚焦三峡”专刊	杂志	2011 年
2	《百问三峡》	图书	2012 年
3	《潘家铮全集：科普作品集》	图书	2016 年
4	《科学世界》“再谈三峡”专刊	杂志	2017 年
5	《科学世界》“海上风电”专刊	杂志	2017 年
6	《我与中华鲟 共护长江美》	图书	2017 年
7	《护鲟记》	图书	2017 年
8	《长江三峡 STEM 科学探索课程》	图书	2018 年
9	《生态小公民（幼儿版）》《生态小公民（小学版）》《生态小公民（中学版）》	图书	2018 年
10	《中华鲟的小秘密》系列科普视频	视频	2019 年
11	《鲟梦环游记》	图书	2020 年
12	《图解大国重器：三峡工程》	图书	2021 年
13	《长江珍稀植物成长记》	图书	2023 年
14	《中国三峡》	杂志	连续出版

8.2.2　科普演讲与报告

随着科普作品形式的丰富，中国科学技术协会、中央电视台等举办的各类科普演讲、拍摄的各类科普影视等成为近年流行热点，三峡集团也以多种形式参与其中（见表 8-2）。

表 8-2　三峡集团科普相关演讲与节目

序号	标 题	平 台	时间
1	金沙重器乌东德水电站	中国科学技术协会科普中国·科技前沿大师谈	2021 年
2	汪志林：筑梦白鹤滩	中央电视台《面对面》	2021 年
3	“白鹤滩水电站总管家”汪志林	中央电视台《开讲啦》	2021 年
4	三峡，不止一个大坝	中国科学技术协会科普中国·我是科学家	2021 年

续表

序号	标　题	平　台	时间
5	超级工程白鹤滩　科技创新助“双碳”	中国电机工程学会“电力之光”科普大讲堂	2022 年
6	从世界最大水电站到世界最大清洁能源走廊	中国能源研究会能源大讲堂	2022 年
7	鹤舞长江	中国中央广播电视总台财经频道	2022 年

同时，科技系统组织开展青年学术演讲比赛，三峡集团相关专职研发人员积极参与并获奖（见表 8-3）。

表 8-3　三峡集团参与北京水电学会青年学术演讲比赛作品

序号	作　品	时间
1	于无声处听地动	2021 年
2	给压力管道装上“安全气囊”	2021 年
3	水轮机的“铁布衫”	2022 年
4	让隧洞“动”起来	2022 年
5	聚焦气候变化，致力绿色低碳	2022 年

8.2.3　科普图文和视频

依托中国电机工程学会，三峡集团积极申报科普图文和视频作品，多项作品获得优秀作品表彰（见表 8-4）。

表 8-4　三峡集团获奖科普作品

序号	作　品	单位	类别
1	绿色岸电	三峡电能有限公司	优秀科普短视频作品
2	全球载电量最大的电动船来了	三峡电能有限公司	优秀科普短视频作品
3	什么是分布式光伏发电	三峡电能有限公司	优秀科普短视频作品
4	可以“动”的隧洞	三峡集团科学技术研究院	优秀科普图文作品
5	于无声处听地动——基于多重散射波的滑坡监测技术	三峡集团科学技术研究院	优秀科普图文作品

8.3　科普场馆与基地

8.3.1　概述

三峡集团建设了以三峡工程博物馆、三峡工程展览馆、中华鲟研究所（现更名为长江生物多样性研究中心)、金沙江放流站、两河地下水质净化厂双溪公园科普体验馆等为代表的科普场馆与基地（见表 8–5）。2018 年，三峡工程展览馆被中国大坝工程学会授予“水库大坝科普基地”称号[415]。2019 年，中华鲟研究所、金沙江溪洛渡向家坝水电站珍稀特有鱼类增殖放流站（简称金沙江放流站）分别获“全国科普教育基地”称号[416–418]。另外，除了建设科普场馆，申报和认定全国、相关学会科普教育基地，长江生态环保产业联盟也举办了长江大保护示范教育基地创建活动。

表 8–5　三峡集团科普场馆与基地

序号	基地名称	荣　誉
1	长江三峡枢纽工程	全国爱国主义教育示范基地， 全国水电科普教育基地 电力科普基地
2	三峡工程展览馆	2018 年获中国大坝工程学会“水库大坝科普基地”
3	三峡工程博物馆	科学家精神教育基地 全国水电科普教育基地
4	中华鲟研究所 (长江生物多样性研究中心)	2001 年获“国家首批 AAA 旅游景区”称号， 2004 年获“全国农业旅游示范点”称号， 2008 年获“湖北省科普教育基地”称号， 2019 年获“全国科普教育基地”称号
5	金沙江放流站	2019 年获“全国科普教育基地”称号
6	两河地下水质净化厂双溪公园科普体验馆	—
7	国家储能技术产教融合创新平台	首批储能领域产教融合创新平台

8.3.2　三峡工程博物馆

三峡工程博物馆位于湖北省宜昌市三峡枢纽工程右岸下游，距离三峡大坝约 1 公里，主体建筑造型为大江截流中发挥重要作用的截流石，占地面积为 15 万平方米，建筑面积为 2.1 万平方米，室内展陈面积约 1 万平方米[419]。建筑结构为空间钢结构，共两层，二层及屋顶设有大坝观景台。

三峡工程博物馆始建于 2015 年，设有三馆三中心和一个临时展厅。三峡馆、工程馆和水电馆为三个基本陈列馆。三峡馆以时间为轴，展示三峡工程百年圆梦历程和巨大综合效益。工程馆以专业内容为轴，从社会、文化、科技、环境、发展等维度解析三峡工程，展示铸就大国重器的历程。水电馆介绍中国水电百年发展历史，主要展示中国水电发展历程和水电科技。

三峡工程博物馆还设有好奇水电研学中心、专业交流中心、文创中心等专题展厅和临时展厅。好奇水电研学中心面向中小学生，以“好奇探索”的方式开展水电科普教育。专业交流中心主要用于开展水电技术和学术交流活动。临时展厅根据各时间段相关专题布置特色专题展。室外建设有三峡工程工业遗存址、三峡工程党建文化广场、峡江意境园等建筑。

三峡工程博物馆是三峡枢纽工程组成部分，经国务院原三峡建委（2018 年撤销）和国务院国资委批准建设，已在湖北省文化和旅游厅完成博物馆备案程序。为支持三峡工程博物馆建设，湖北省文化和旅游厅指定一批三峡库区出土文物为三峡工程博物馆收藏。

三峡工程博物馆是三峡工程全国爱国主义教育示范基地、全国水电科普教育基地、电力科普基地的核心场馆，秉承“纪实大国重器、弘扬三峡精神、壮歌绿色发展”使命，深入挖掘三峡工程红色基因和爱国元素，充分展示中国水电发展历程和科技创新成就，有效发挥博物馆典藏、陈列、教育、研究等功能，精心打造三峡精神传播阵地和现代水电科普教育阵地，面向社会公众积极传播科学知识，弘扬爱国主义精神和科学精神。

8.3.3　三峡工程展览馆

三峡工程展览馆位于湖北省宜昌市三峡枢纽工程左岸下游，是 2021 年文化和旅游部、中共中央宣传部、中央党史和文献研究院、国家发展和改革委员会发布的“建党百年 红色旅游百条精品线路”公告中“中国三峡 · 世纪工程”精品线路中的景点之一。三峡工程展览馆运用照片、图表、模型、动画和影视等诸多形式简要介绍三峡工程的历史，记录三峡工程建设的过程，展示三峡工程的综合效益。

8.3.4　中华鲟研究所

中华鲟研究所是中国首个因大型水利工程兴建而设立的珍稀鱼类科研机构，隶属于三峡集团。中华鲟研究所于 1982 年经水利部批准成立，是三峡集团水电开发中鱼类物种保护的技术支撑、水环境保护的创新平台、宣贯生态环保理念的科普窗口。中华鲟研究所的主要职责：负责水利工程与水生生态环境协调可持续发展研究；根据枢纽工程环境影响评价和三峡集团要求，开展珍稀特有鱼类物种保护及技术研究；负责三峡集团在长江流域梯级枢纽工程的水生生态监测、增殖放流及效果评估工作；负责开展生态环境保护科普宣传及公共教育，传播环境保护理念[420]。

目前，中华鲟研究所已经形成科研、生产、科普三大功能板块。其中，科研板块以“三峡工程鱼类资源保护湖北省重点实验室”为支撑，重点发展珍稀鱼类物种保护、水生态修复、养殖技术研发三个学科方向。生产板块以珍稀鱼类梯队养殖、繁育、放流为主要任务，养殖国内梯队齐全、数量最多的中华鲟子一代和子二代亲鱼种群及长江中上游 100 余种珍稀特有鱼类种群。科普板块以全国科普教育基地、全国爱国主义教育示范基地为平台，重点宣传生态优先的绿色发展理念，常年组织开展社会化放流、中小学生研学教育等活动，展示生物多样性保护和长江大保护工作进展和成果。

通过 40 余年的努力，中华鲟研究所在以中华鲟为代表的珍稀鱼类研究保护方面取得一系列突出成果，主要为：子二代中华鲟全人工繁殖技术突破并连续获得成功；构建中华鲟人工种群遗传谱系；取得中华鲟早期性别鉴定技术突破和中华鲟单雌性繁殖技术突破；率先取得长江上游指标性物种圆口铜鱼、长鳍吻鮈繁殖技术突破等，多项技术处于行业领先水平[421,422]。截至2023年，中华鲟研究所已累计放流各类长江珍稀特有鱼类逾1100万尾，构建了覆盖长江中下游近1800公里的中华鲟洄游监测网络，实施野生中华鲟资源和放流中华鲟的流域化监测。此外，中华鲟研究所连续12年实施三峡水库生态调度，开展四大家鱼自然繁殖效果监测，不断指导优化三峡水库调度方式，促进长江中游渔业资源恢复。

8.3.5　长江大保护项目示范教育基地

为增强长江大保护的群众感知力，提高公众生态意识，普及环境保护科学知识，逐步建立“人与自然和谐发展”理念，长江生态环保产业联盟组织开展了长江大保护项目示范教育基地创建活动，择优将成员单位参与的长江大保护项目建设为教育、培训、交流基地，搭建长江大保护对外宣传窗口。这个活动以长江生态环保产业联盟成员单位为主参与申报，开展管理、文化、科技、综合4类教育基地创建活动，初步完成12个长江大保护项目示范教育基地的创建工作（见表8-6）。

表8-6　长江大保护项目示范教育基地

序号	名称	类型	地点
1	蒋家沟、李台子水质净化工程	管理教育基地	安徽省六安市
2	和县污水处理厂网一体化项目	管理教育基地	安徽省马鞍山市
3	九江生态文化教育基地	文化教育基地	江西省九江市
4	江东水生态公园	文化教育基地	安徽省芜湖市
5	凤凰桥污水处理厂	科技教育基地	安徽省六安市
6	朱家桥污水处理厂	科技教育基地	安徽省芜湖市
7	水生生物博物馆	科技教育基地	湖北省武汉市
8	嘉兴市南湖区可持续发展公园	科技教育基地	浙江省嘉兴市
9	九江市八里湖赛城湖控制枢纽工程	综合教育基地	江西省九江市
10	陈家冲—西园雨污生态环保示范项目	综合教育基地	湖北省宜昌市
11	黑水河鱼类栖息地生态修复示范基地	综合教育基地	四川省凉山彝族自治州
12	九江智慧水务运营支撑平台	综合教育基地	江西省九江市

8.3.6　国家储能技术产教融合创新平台

三峡集团科学技术研究院联合华北电力大学成功申报首批国家储能技术产教融合

创新平台，开展电化学储能、氢能及其与电网耦合协同的技术攻关，建设储能“高精尖缺”人才培养基地，推动储能领域新技术、新业态发展。该创新平台建设采取“1+1+N”模式，两个“1”分别指华北电力大学和昌平区，“N”指以未来科学城能源电力央企研究院及全国在这个领域的龙头企业为主组成科研矩阵，采用“政产研学用”的模式共同建设。三峡集团所属全球储能容量最大的风光储示范项目，作为该创新平台的实训基地，为高等院校、地方和企业开展储能技术领域人才培育、科学研究、学科建设提供综合性创新平台。

8.4　科普活动

8.4.1　增殖放流活动

三峡集团增殖放流活动已经形成“放流+科普”融合的年度系列活动。在历次增殖放流活动中，当地社区居民、校园学生也参与其中，而且开展了进校园、进社区等科普活动。

1984 年以来，三峡集团持续开展放流中华鲟活动，截至 2022 年 3 月，累计放流 68 次，共 550 万尾[423]。在金沙江流域开发乌东德、白鹤滩、溪洛渡、向家坝 4 座世界级巨型梯级水电站过程中，设立珍稀特有鱼类增殖放流站，持续开展种群建设、技术攻关和增殖放流等一系列珍稀鱼类保护工作，掌握长江鲟、圆口铜鱼、长鳍吻鮈、齐口裂腹鱼等 10 余种珍稀特有鱼类的人工繁殖技术[424,425]。

多年来，三峡集团积极开展圆口铜鱼栖息地保护工作，组织社会力量开展圆口铜鱼资源恢复工作，并取得明显成效，为落实国家长江大保护战略做出应有贡献[426]。2020 年底，农业农村部与三峡集团签订战略合作协议，对圆口铜鱼等重点物种开展保护工作。2021 年 9 月 10 日，三峡集团在长江上游珍稀特有鱼类国家级自然保护区赤水河贵州省赤水市江段举办圆口铜鱼大规模增殖放流活动，促进赤水河圆口铜鱼自然种群逐步恢复。

三峡集团全面实施共抓长江大保护工作，在芜湖市连续多年组织开展增殖放流活动，放流的鱼种为国家二级水生野生保护动物胭脂鱼及青鱼、鳙鱼、草鱼、鲢鱼“四大家鱼”苗种，皆为适合在长江中下游段生长、繁殖的鱼种。持续开展鱼类增殖放流活动，旨在拓宽共抓长江大保护“朋友圈”，唤起社会各界人士和广大市民的生态环保意识。

8.4.2　科普展览活动

三峡集团形成了以三峡升船机实体模型和 VR 虚拟现实科普展览为主的科普展览活

动（见表 8-7）。

表 8-7　三峡集团部分科普展览活动

序号	活动名称	年份	活动地点	内容
1	中央企业创新成就展（全国双创活动周）	2017	北京	三峡升船机 VR 体验
2	“砥砺奋进的五年”大型成就展	2017	北京展览馆	三峡升船机模型展出
3	2018 年“电力之光”中国电力科普日	2018 年	北京奥林匹克森林公园庆典广场	通过图文、宣传片、VR 虚拟现实等形式展示三峡升船机
4	2021 年“电力之光”中国电力科普日	2021	湖北宜昌三峡工程博物馆	长江大保护
5	江天万里——长江文化展	2021	国家博物馆	通过“横穿万古岁月流”“文明传承绵延长”“千年文脉润古今”“黄金水道通九州”“长江首城醉宜宾”5 个展示单元全面展示长江的历史之久、人文之盛、生态之美、工程之巨

8.4.3 “三峡娃娃行”主题研学活动

“三峡娃娃行”是三峡集团在三峡大坝、金沙江下游工程坝区等地集中开展的大型公益研学活动。每次活动邀请三峡集团定点扶贫地区（重庆市巫山县和奉节县、江西省万安县和内蒙古巴林左旗）、对口支援地区（湖北省五峰县、兴山县、夷陵区、秭归县）等多个区域中小学生、带队老师参加，旨在通过走近工程，让孩子们切身感受改革开放以来国家经济、科技取得的巨大成就，开阔孩子们的眼界，激发孩子们的梦想[427]。该活动以加强爱国主义教育、科普水电科技和清洁能源知识为主线，依托三峡、白鹤滩等国家重大工程，开展科普宣讲和研学交流活动，助力三峡集团帮扶区域的青少年走出学校，实地感受祖国建设伟大成就、接受爱国主义教育洗礼、学习更多科学知识。

自 2006 年起，三峡集团持续多年组织定点扶贫县、对口支援县及三峡、金沙江库区青少年赴宜昌、北京等地参观交流，帮助上述地区的青少年了解国情、开阔眼界、增长见识，激发他们热爱祖国、积极向上、创新奋发的精神动力。三峡集团打造三峡励志班、三峡烛光行动、三峡奖学计划、三峡班班通 4 个教育帮扶品牌项目，在此过程中，逐步形成了关注帮扶地区青少年发展的特色公益品牌——“三峡娃娃行”[428]。

三峡集团连续多年开展形式多样的“三峡娃娃行”主题研学活动，累计帮助近万名贫困地区的孩子走出大山、走近大国重器，取得了良好的社会反响（见表 8-8）。

表 8-8　三峡娃娃行历次活动主题

序号	主　题
1	三峡娃娃行——千名学生红色行
2	三峡娃娃行——宜昌水电夏令营
3	三峡娃娃行——乌东德库区行
4	三峡娃娃行——白鹤滩库区行
5	三峡娃娃行——溪洛渡库区行
6	三峡娃娃行——库区娃娃向家坝行
7	三峡娃娃行——江西万安青少年红色井冈行
8	三峡娃娃行——巴林左旗青少年红色行
9	三峡娃娃行——央视《大手牵小手》栏目

8.4.4　青少年科技素养提升计划

为培养科技创新的“土壤”，建设国家竞争优势的基础，形成创新人才不断涌现的“源头活水”，解决城市和乡村教育资源不均衡问题，中国下一代教育基金会和平安公益基金会共同发起“青少年科技素养提升计划”，科技日报社作为倡议方和媒体支持单位参与。自 2019 年起，该计划通过线上线下方式共计培训农村学校校长、老师 10 000 余人次，内容涵盖教学规划、人才培养方法、课程内容、教学方法，使得受益学生约 30 万人。该计划向云南、广西、江西、河南、甘肃、海南、内蒙古、重庆、西藏、贵州、陕西、河北、湖南、广东、吉林、新疆、宁夏 17 个省区市的 1000 所小学，捐赠科技课程、教材、教具，开展校长、教师培训，支持学校开展科技教育活动，提升农村小学生科技素养。

2021 年，三峡集团社会责任办（公益基金会）、白鹤滩工程建设部、乌东德工程建设部、移民工作办公室、中国三峡出版传媒有限公司等部门和单位，会同科技日报社联合制作“青少年科技素养提升计划系列情景大师直播课——碳路 3060，走进世界最大清洁能源走廊”。通过这个项目，水电专家和优秀工程师用通俗易懂的语言讲述世界级水利水电工程，让大家从中感受大国重器的无穷魅力，从而达到科普宣传的目的。

8.4.5　青年科学家沙龙

青年科学家沙龙是中国科学技术协会主办的中国科技峰会系列活动，通过公开征集申报的方式确定承办单位。2021 年以来，三峡集团科学技术研究院连续承担“中国科协打造原创技术策源地和现代产业链链长青年科学家沙龙活动”“中国科协打造清洁能源科技创新高地青年科学家沙龙活动”“中国科协高端能源装备青年科学家沙龙活动”

等项目，结合每年定期开展的全国科技活动周、全国科技工作者日、全国科普日等活动，举办集学术、科普、智库于一体的青年科学家沙龙活动，形成一套成熟的组织活动方式，即一个沙龙、一项调研、一场学术交流、一项政策建议智库报告、若干科普成果。

同时，三峡集团将承办中国科学技术协会青年科学家沙龙活动的成功经验不断推广，形成自有品牌，与北京市科学技术协会、北京水力发电工程学会等外部单位，以及内部单位合作，不断推进科普沙龙活动。

8.5 科普宣传

8.5.1 自有科普宣传途径

三峡集团官方网站设置了科普三峡板块，将其作为与科技体系、科技成果相同等级的内容并列放置，其科普内容非常丰富，例如，“专家解读”板块设置了许多院士专家的解读内容（见表 8–9）。

表 8–9 科普三峡专家解读板块内容

序号	专家	解 读 内 容
1	陈厚群	三峡工程是高质量的卓越水利水电工程
2	陆佑楣	一位工程师眼中的三峡工程
3	张超然	三峡工程质量优良 运行安全可靠 效益显著
4	张建云	三峡工程已成为服务长江经济带高质量发展的坚强支撑
5	王亦楠	“绿水青山就是金山银山”不是等出来的
6	郑守仁	提供防洪航运电能生态供水保障
7	孙永福	把握水电发展趋势 推进工程管理创新
8	赵宪庚	三峡工程已成为服务长江经济带高质量发展的坚强支撑
9	贾金生	三峡工程是水利水电史上的丰碑式工程

除此之外，三峡集团自有新闻媒体也从多个方面开展科普宣传，例如，微信公众号“三峡小微”、抖音“中国三峡”等平台对科普活动进行宣传，三峡集团官网设置系列科普视频（见表 8–10）。

8.5.2 合作科普宣传途径

中央企业在国民经济发展过程中承担“顶梁柱”“压舱石”作用，而且大多数中央企业负责的工程属于大国重器，相关成果需要产业链上下游单位共同完成，因而在科技成果科普转化方面，离不开相关行业学会和单位的支持。三峡集团通过与相关学会合作来进行科普工作，例如，依托中国大坝工程学会成立水库大坝公众认知与公众关系委员会，依托中国电机工程学会成立科普工作专委会[429,430]。此外，中国水利学会、中国水力发电工程学会、长江技术经济学会等官方网站的科普板块均设置了与三峡工程相关的科普内容（见表 8-11）。

表 8-10　“三峡百事通”系列科普视频内容

序号	内　容
1	三峡工程总体概况（上）
2	三峡工程总体概况（下）
3	三峡珍稀濒危物种保护措施
4	三峡工程是如何进行调度管理的
5	三峡工程与长江“黄金水道”
6	三峡工程绿色电能照万家
7	三峡梯级水库群联合调度
8	三峡移民是如何妥善搬迁安置的？目前生活如何
9	三峡水库蓄水后，文物古迹和自然风光依旧迷人吗
10	三峡工程建设是如何推动民族制造业发展的

表 8-11　各学会三峡工程科普相关工作

序号	学会	内　容
1	中国大坝工程学会	2017 年成立水库大坝公众认知与公众关系委员会
2	长江技术经济学会	长江科普内容板块
3	中国水利学会	水利科普园地中的三峡工程内容
4	中国水力发电工程学会	水电科普内容板块
5	中国科普作家协会	2011 年中国科普作家协会和三峡集团联合主办三峡工程与水力发电科普年会

8.6　科普队伍

三峡集团形成外部专家团队和内部科普队伍结合的科普队伍。外部专家团队主要由院士和行业专家组成，以学术报告、科普报告的形式合作，另外还开展一些应急科普工作。内部科普队伍主要分为专职科普队伍和兼职科普队伍两种。以三峡工程博物馆、三峡工程展览馆为代表的科普场馆讲解员为专职科普人员。内部专家和许多一线职工都是兼职科普人员，许多专家作为科普志愿者参与中央电视台等媒体举办的科普活动，各生产一线单位结合党建、团青工作，组织建设宣讲团，开展科普工作。例如，安徽区域公司团支部青年组建芜湖长江大保护义务宣讲团，在各类开放日承担向社会公众讲解污水处理工艺、普及长江大保护理念、营造共抓长江大保护良好社会氛围的义务。

8.7 小结

8.7.1 科技资源科普化初见成效

三峡集团在科技资源科普化工作中初步形成一定的工作经验，通过深入实施科技资源科普化工程，创作一系列科普作品，实施多个科普项目，获得多项科普奖励，以高质量科普助力高水平科技自立自强。三峡集团立足科技创新与技术服务“双轮”驱动，初步形成人才培养、作品开发、项目实施一体化的科普工作总体布局。一是以科普人才培养为基础，助力青年人才成长，获得中国科学技术协会青年人才托举工程项目、北京市科学技术协会青年人才托举工程项目、科普中国项目顾问等荣誉，其中多项为三峡集团首次获得。二是以科普作品创作为输出渠道，将科技成果持续转化为科普资源，以科学普及促进创新策源和业务融合，科普作品获得中国科学技术协会、北京市科学技术协会和多个学会的奖励。三是以科普项目实施为支撑，建立可持续的科普工作机制，从自筹自研到中国科学技术协会资助联合实施，逐步融入国家科普工作主阵地。

8.7.2 科技资源科普化仍有不足

尽管以三峡集团为代表的中央企业科技资源科普化工作基础较好，但总体延续性不足。三峡集团的科普工作于2010年开始，起步较晚，尚未建立科普相关制度。由于三峡集团规模较大、单位众多，各单位科普工作协同不足，尚未形成集团合力。科技资源与科普资源联系不够紧密，科普实践较多而科技资源向科普内容转化较少，科普内容相对单一，以图文、视频为主，没有形成自有产品体系。科普工作过于依赖外部专家队伍，内部专家中的科普人才不足，内生动力不足，尤其是应急科普方面，以外部院士专家力量为主，自身组织协调工作较多但实践较少。不能适应快速发展的业务布局需求，尤其是在长江大保护、中国水电走出去、助力脱贫攻坚等方面，亟须人才、内容和场景等科技资源向科普资源转化。

8.7.3 科技资源科普化工作方向

从国家层面到地方层面都已建立相对完善的科普工作制度，许多科研院所也已形成科普工作机制，下一步以三峡集团为代表的中央企业科技资源科普化工作应建立健全科普工作制度，推进制度建设、组织建设、队伍建设、设施设备建设和内容建设等资源建设工作。同时，推进科技资源向科普资源转化的工作，将从事研究与开发的科学家、工程师等科技人力资源，研发投入经费、科技活动经费等科技投入资源，科研设备设施和各种论文、专利、高新技术产品等科研成果，转化为科普资源。企业作为科技创新和直接面向市场的主体，还应在加强科普产业化方面探索发展方向，打造科普品牌矩阵，探索并形成可持续的科普产业化路径。

第 9 章 路径探索

科技自立自强是国家发展的战略支撑[99]。国务院印发《全民科学素质行动规划纲要（2021—2035 年）》，提出要以深化科普供给侧结构性改革为重点，实施科技资源科普化工程等 5 大工程，支持以面向世界科技前沿、面向经济主战场、面向国家重大需求、面向人民生命健康（“四个方向”）等重大题材为主开展的科普创作[100]。2022 年 9 月 4 日，中共中央办公厅联合国务院办公厅印发《关于新时代进一步加强科学技术普及工作的意见》，要求企业积极开展科普活动，加大科普投入，促进科普工作与科技研发、产品推广、创新创业、技能培训等有机结合，提高员工科学素质，把科普作为履行社会责任的重要内容[74]。这一系列政策文件和措施都表明企业加强科普能力建设，深入实施科技资源科普化工程是创新发展的必由之路，需要通过指导思想、工作目标、工作机制、实施路径等一系列措施，推进企业科技资源科普化工作顺利实施。

9.1 指导思想

在进行科技资源科普化的过程中，贯彻落实《全民科学素质行动规划纲要（2021—2035 年）》《关于新时代进一步加强科学技术普及工作的意见》，坚持以“四个面向”为工作导向，以国家战略和支撑国民经济发展“大国重器”的科学普及为工作重点，强化科普的价值引领作用，凝练总结重大事件和公众关切的问题，研究科普实现路径和内容，为全社会开展科普创作和传播提供参考，为提高国家战略科技力量和实现高水平科技自立自强提供支持。

9.2 工作目标

9.2.1 优化资源配置，营造科技创新生态

科技资源在特定的时空范围内是稀缺资源，具有独占性特征，普通公众和法人组织普遍缺乏获取渠道和利用意愿，这使得本就稀缺的资源无法充分发挥其应有作用。而科技资源科普化正是优化科技资源配置的一种有效途径，意在提高资源使用效率，达到物

尽其用的目的。同时，科技资源在很大程度上具有公共产品属性，将其科普化可充分实现其公共产品功能。将企业科技资源优势转化为科普优势是推进企业打造国家战略科技力量的具体方式。

9.2.2　增进公众理解，提升企业品牌价值

科技资源的重要性不仅在于积累设施、数据、信息等物质成果和人力资源，构成科技创新的基础，也在于其形成的过程。而且，对科研过程的深度挖掘与传播是科技与社会、科技与公众良性互动的可靠渠道和宝贵资源。同时，作为技术创新的主体，企业对科技资源进行合理的科普转化可以强化品牌形象、提升商业价值，从而促进科技和经济融合。

9.2.3　促进科技和经济融合，推动供给侧结构性改革

科技资源科普化配置是对科技资源的充分利用，通过科技与旅游、教育、传媒等服务业相关产业的融合，可促进科技和经济融合，服务于人的全面发展，推动供给侧结构性改革，从而实现高质量发展。科技旅游在中国是新兴产业，是引导公众了解科学知识、感受科技魅力的一种专项旅游形式，既是一种提高科学文化素质的方式，又是一个促进休闲消费的渠道，可构成旅游业新的增长点。除科技馆、天文馆、海洋馆等科普场馆外，科学装置和科研基地建设日益受到旅游产业布局的重视。

企业的科普责任更多体现在传播和连接方面。一方面企业应专注于传播优质科普内容，揭示谣言和伪科学。另一方面，企业应通过平台建设连接科技工作者与公众，尽量缩小两者间的信息沟通距离和理解鸿沟，进而提升全民科学素养提升。

9.3　工作机制

中国的科普现状还难以满足培育创新人才、实现高水平科技自立自强的迫切需要，科普资源配置不均衡、科技人员参与科普的程度不高、科普活动形式单一等短板依然存在。为补齐科学普及短板，激发创新创造活力，可以从以下几方面加强科普工作机制。

9.3.1　提升科普管理协同性

科普是惠民利国的公益性事业，也是全社会的共同任务。制定科普政策时，应把坚持顶层设计和问计于民统一起来，既要听取科学家的意见，紧盯科技发展最新动态和国家战略，又要从基层实践中汲取智慧养分，及时了解群众科普需求，总结基层创新经验。此外，应加强政策和舆论引导，创造有利于社会力量兴办科普事业的环境。而且，应充分发挥财税政策在优化区域科普资源配置、促进东西部科普资源共享中的引导作

用，以政府购买服务、税收优惠等方式支持企业、科技社团等为科普教育水平相对落后的地区提供实用技术培训、科普讲堂等科普服务，推动特色科普资源互联互通、优秀科普人才正向流动。

9.3.2 推动科技资源科普化

科技资源科普化是将科研设施设备、科技产品等科技资源转化为科普场馆、科普创作等科普资源，让公众了解科研的环境、过程、成果和其中蕴含的科学家精神的过程。推动科技资源科普化是扩大科技资源应用范围、提升科普服务能力的有效途径，应鼓励科研单位、专利发明人向公众普及科技成果蕴含的科学原理和科学方法，推动高等院校、科研院所、高新技术企业及科技型中小企业利用自身科普资源面向社会开放展厅、生产线等设施，建立科研成果和产品展示平台，将科技创新资源转化为优质科普资源。

9.3.3 引导科技工作者从事科普工作

科技工作者既是科技创新的主体，也是科学普及的主导力量。在科普工作中，应充分发挥科技人才的重要作用，通过建立科普专家库、组建科普志愿者服务队、成立科普讲师团等方式，把分属不同学科、专业技术门类的科技工作者和基层科普需求结合起来。此外，应完善科普人才培养、使用和评价的长效机制，充分调动科技工作者从事科普工作的积极性。

9.3.4 丰富科普活动表现形式

科普活动是科普工作的着力点和重要抓手，其表现形式与受众吸引力、内容感染力息息相关，应针对受众特点，用更鲜活、更有趣的方式打通科技传播“最后一公里”。例如，青少年群体的专注力时长不及成人，难以从平面展示、口头讲解等传统科普方式中获得良好的效果，因而可引入科普剧表演、研学等具有较强体验感和社交属性的活动形式，帮助青少年在体验过程中领略科学魅力，在趣味学习中激发科学兴趣，在思辨过程中掌握科学方法。

9.4 实施路径

9.4.1 强化价值引领

在进行科技资源科普化的过程中，坚持以人民为中心，围绕“见物见人见精神”的创作理念，将培育和弘扬社会主义核心价值观融入科普创作全过程，将科学精神和中国科学家精神融入科普创作全过程，将国家需求和公众需求融入科普创作全过程，讲好新时代科技成就和中国科学家故事，推动形成尊重科学、崇尚创新的社会氛围。

9.4.2　遵循科学规律

在进行科技资源科普化的过程中，坚持尊重科学事实，不夸大、不误导，注重融入科学思想与科学方法，保证内容的科学性。科普作品应兼具科学性、普及性、趣味性和艺术性，立意高远、科学严谨，结构完整、条理清晰。

9.4.3　创新方式方法

在进行科技资源科普化的过程中，分析受众、传播渠道和使用场景的需求和特点，创新内容呈现方式，从理念、体裁、形式、技术等角度进行创新。此外，应鼓励融合创新，跳出传统科普框架，积极利用新技术，探索科普与文化、艺术、影视等领域的融合，创作更具创意性、更有启发性的科普作品。

9.4.4　注重传播效果

在进行科技资源科普化的过程中，以满足公众多样化需求、提升作品影响力为重点，结合社会热点和新闻传播规律，优化作品内容和形式，设计兼具吸引力和科学性的标题、宣传图和文案，在保证科学性的基础上，做到文字通俗流畅、镜头丰富自然、画面直观形象，让作品更加生动有趣，从而吸引更多受众。此外，应做好作品受众的跟踪反馈工作，这样可及时总结并指导后续创作，持续提升科普覆盖面和影响力。

9.5　企业经验

科研团队参与科普工作的模式在逐步转变。互联网的出现及企业对科普工作重视程度的提高使得公众在科学传播中的地位发生改变。互联网的发展进一步强化了公众在科学传播中的地位，使公众成为科学传播的起点和终点，也使科研团队能借助相对较低的信息和渠道成本与相对较高的协同成本实现转换，构成以公众为核心的基础条件[431]。科学传播的结构由原来科研团队与政府间的协同运作转变为科研团队与公众间的协同运作，从基于任务的被动式传播向基于责任的主动式传播转变。以三峡集团为例，其通过多年的科普工作，初步构建了科普资源体系，在中央企业中具有一定代表性，基本建立了科技资源向科普可持续转化的机制，其方式为：政策环境是驱动，科技创新是支撑，能力建设是途径，舆情管理是机遇，脱贫攻坚是责任，公众认知是目标。

9.5.1　鼓励科普的政策环境是外在驱动力

最初，三峡集团科普工作并未提升到与科技创新同等重要的位置，且由于众多原因，工程领域科技创新工作一直处于“做得多、说得少”的状态。随着国家对科普工作的引导，从“十三五”到“十四五”时期，国家科普工作在取得显著成效的同时发生了重大转变，陆续发布《全民科学素质行动规划纲要（2021—2035年）》《关于新时代进一步加强科学技术普及工作的意见》《“十四五”国家科学技术普及发展规划》等鼓励和促进科普的政策文件，中国科学技术协会不断拓展联合部门举办科普活动。2022年，全国科普日活动已拓展至18个部门，为企业和全社会开展科普工作创造了良好条件，三峡集团科普工作逐渐被提升至更重要的位置。三峡集团通过对外发声，积极落实党中央、国务院决策部署和中国科学技术协会等部门要求，加入中国公众科学素质促进联合体，鼓励三峡集团内部各单位开展科普工作，特别是在全国科普日、中央企业创新成就展等活动中，均以大国重器高质量科技成果进行科普，获得广泛社会影响，同时也获得国务院国资委、中国科学技术协会、中国电机工程学会等部门和机构的表扬和奖励。

9.5.2 自主创新是科技资源转化的基础支撑

三峡集团作为拥有全产业链技术集成能力、大规模集中连片开发能力、国内外海上风电智能化及专业化运维能力、长江大保护城市水环境治理全生命周期全产业链应用场景的新能源开发企业，具有良好的科技资源科普化基础条件。依托清洁能源和长江生态环保业务，三峡集团在大水电智能建造、混凝土材料、水电机组、智慧调度运行、城镇水环境治理等方面持续开展自主创新，并将科技创新成果转化为科普资源，助力国家科技奖励申报、国家重大科研项目申报、学科交叉与业务融合（见表9-1）。“双碳”目标提出后，科普方面的急迫需求为能源央企科技资源科普化工作提供了新的机遇。在此条件下，三峡集团在新能源与新型电力系统科技创新和科学普及方面开展了许多有益实践，例如，建设全球最大的源网荷储一体化示范基地，同步联合华北电力大学等单位组建联合体申报建设并入选首批国家储能技术产教融合创新平台。

表9-1 三峡集团部分科技创新成果及相应科普资源

类别	工程项目	科技创新成果	科普资源
水电	长江三峡枢纽工程	国家科学技术进步奖	全国爱国主义教育示范基地 三峡工程展览馆 三峡工程博物馆
水电	白鹤滩水电站	国家级科技奖励3项，6项技术指标位列世界第一	科学世界——白鹤滩水电站
风电	广东阳江200万千瓦海上风电场	国内首个“百万千瓦级”海上风电项目，亚洲最大海上风电场，建成目前亚洲最大海上升压站，使用风机基础形式创造国内多个“首次”	科学世界——海上风电

续表

类别	工程项目	科技创新成果	科普资源
太阳能发电	内蒙古蒙西基地库布其 200 万千瓦光伏治沙示范项目	中国单体规模最大光伏治沙项目	开创规模化沙漠治理和生态修复新模式
长江生态环保	九江市中心城区水环境系统综合治理一期项目	江西首座地下污水处理厂	双溪公园科普体验馆
新型电力系统	乌兰察布源网荷储一体化示范项目	全球最大源网荷储项目	国家储能技术产教融合创新平台

9.5.3　能力建设是提升科普质量的重要途径

三峡集团利用自身资源，建立三峡工程展览馆、三峡工程博物馆、中华鲟研究所、金沙江放流站等一批科普基地，以多种形式开展联合科普活动。2019 年，中华鲟研究所和金沙江放流站荣获“全国科普教育基地”称号。三峡集团开展长江大保护工作五大平台之一的长江生态环保产业联盟举办了长江大保护示范教育基地创建活动，建设了两河地下水质净化厂双溪公园科普体验馆等一批生态环保领域科普基地[432]。在中国科学技术协会和各学会指导下，三峡集团依托多个学会成立科普相关专业委员会或工作委员会，三峡集团官方网站和多个学会网站均设置三峡科普相关专栏内容，与“三峡小微”微信公众号、“中国三峡”抖音官方号等矩阵媒体平台同步更新内容，同时《人民日报》等主流媒体也实时跟踪报道相关内容。

9.5.4　舆情管理是扩大科普影响的有利机遇

中央企业舆情管理工作至关重要，三峡集团充分把握热点舆情，开展科普工作。在中国共产党中央委员会宣传部（简称中宣部）、国务院国有资产监督管理委员会（简称国资委）、中国科学院、中国工程院、中国科学技术协会及全国各个学会指导下，三峡集团在中央企业创新成就展等一些重要活动上开展科技成果和科普展示展览，例如，展出三峡升船机实体模型，进行 VR 虚拟现实体验[433]。在具体业务工作层面，三峡集团形成以增殖放流活动为主的年度科普进校园活动，在每年防汛抗旱、能源保供或遇到其他突发舆情时，三峡集团都会第一时间组织院士专家研讨或撰文解答公众关心的问题。例如，2021 年，白鹤滩水电站投产发电之际，三峡集团在中央电视台的《开讲啦》节目对白鹤滩水电站的技术问题进行科普讲解。

9.5.5　脱贫攻坚的社会责任丰富科普形式

三峡集团始终把教育扶贫作为重要政治任务，在帮扶贫困地区建设各项基础设施的同时设立“三峡教育基金”，利用科技产业和教育进行帮扶。自2006年起，三峡集团持续多年组织“三峡娃娃行”活动，逐步形成了关注帮扶地区青少年发展的特色公益品牌。

9.5.6 促进公众认知是全社会的共同目标

为了解决社会发展过程中公众对相关科技知识的认知误区问题，三峡集团以科技资源科普化为媒介促进公众认知。例如，三峡集团在自办刊物《中国三峡》设置公众认知专栏，持续刊发系列科普文章，促进读者认知提升。又如，科普活动与科技工作紧密结合，在举办全国科普日活动时，与青年科学家沙龙等活动结合，促进全社会科普认知提升。

第 10 章 结论与展望

10.1 结论

科技资源科普化的本质是科技资源与科普资源发展的辩证关系，在历史上，科技与科普曾经出现过数次分野，随着科学技术逐渐渗透到日常生活的各个角落，全民科学素质提升成为社会文明进步的基础，而科技资源向科普资源转化的过程有助于提高公众科学素养，让科技创新和科学普及逐渐朝融合的方向发展。

10.1.1 借鉴学习国外科技资源科普化先进成果

国外科技资源科普化工作开展较早，值得中国借鉴和学习。但是，各国政治和社会发展体制各不相同，科普工作因人而异、因地域而异，中国的科技资源科普化工作呈现中心化格局，资金投入、政策投入等远大于国外一些国家，但仍应从理念、制度方面给予引导和重视，从教育和培育阶段入手，实现高质量发展。在理念方面，明确科普责任意识，从国家层面通过发布报告等多种形式，帮助科学家确立科普责任意识，鼓励科学家开展科普工作。在内容方面，鼓励多样化主体，重视学校科学教育，将科技自然而然地融入青少年的成长过程中，为其打下科学技术素养根基。在机制方面，建立科普技能培训机制，重视评价与改进，通过评价结果量化科普工作成效，将其作为科普工作持续改进的重要动力。在保障方面，完善资金、人才、项目、奖励等配套政策，推动高等院校、科研院所、企业、社会团体等社会各界开展科普工作。

10.1.2 科技资源科普化推动中国科技和经济深度融合

“十三五”期间，中国科普工作进展显著，然而与科技创新相比，其仍然有短板。科技资源科普化配置有四项工作需要完善。一是做好顶层设计，解决政策和动力问题。二是完善制度建设、加强政策支持，采取有效措施鼓励科研人员将科研过程和科技成果科普化，形成对广大科技工作者的正向引导和激励作用。三是完善多元供给，保障科普经费，构建政府、企业、社会组织、科研工作者、公众共同参与的多元化科普投入体系。四是搭建资源网络，推动产业融合，将科技资源内含的科技和经济双重属性融合，推动产学研全产业链发展。

10.1.3　多元化政策工具支撑科技资源科普化实施

中国科普事业的发展已经到了培育产业和规模发展的阶段。但是，科技资源科普化道路仍然存在许多困难：重科研、轻科普的现状导致科研与科普脱节；科普产品研发能力弱，科普作品创作水平不高；科普场馆内容同质化、单一化现象较为突出；运用市场化手段调动社会力量广泛参与科普的机制需要完善。为更好地开展科技资源科普化工作，把政策和措施落到实处，中央企业开展科普工作不仅需要为实现高质量发展服务，还需要形成科普自身高质量发展体系。一是立足于服务人的全面发展和提升人民的科学文化素质的目标，根据不同人群采取实际可行的方式，切实服务于人的全面发展和社会文明程度的提升。二是以提供优质科普产品和提升服务能力为重点，不断满足人民群众个性化、多样化、持续升级的科普需求，推动新时期科普事业全面升级。三是形成服务创新发展的科普新格局，形成政府主导、市场带动的“科普事业+产业”和“产业+科普”的内生动力系统，真正实现服务创新发展。四是以落实“科学普及与科技创新同等重要”理念为主旨，进一步发挥科普的政治引领和价值引领作用，实现科普内涵和功能的转型升级。

10.1.4　加强标准化工作，促进科技资源科普化高质量发展

目前，科普标准化工作尚处于起步阶段，虽然已逐步形成一定的科普服务标准化工作基础，但仍不能充分满足科普标准化高质量发展的需要。在加强科普标准化方面有四项工作需要提高。一是加快构建系统全面的科普标准体系，贯彻落实《全面科学素质行动规划纲要（2021—2035 年）》，进一步完善科普标准化工作体系和标准体系框架。二是加快构建国家标准、行业标准、地方标准、团体标准、企业标准相结合的多维标准化工作体系。三是引导多元主体参与科普标准化工作，开展各类标准研究和编制工作，引导企业积极参加科普各级标准的制定。四是加快中央企业科普标准体系研究和编制，发挥企业科技创新主体作用，加强企业不同领域科普相关标准的研究和修订工作，逐步将企业标准向各级标准推介。

10.1.5　加强新兴科普产业发展的市场保障措施

随着科普产业市场化进程逐步由传统公共事业向新兴产业转变，未来科普产业良性发展仍需制度、市场、环境等条件保障。一是提供科普产业发展的制度保障，尽快制定科普产业的认定制度、产品技术规范、标准体系和市场准入机制等关键性制度，加大政府投入，吸引社会资金，完善产业投融资渠道，扩大政府购买科普产品和服务的范围，带动科普企业发展壮大，形成政府、企业、金融机构及各类社会团体等多元互补的良性科普产业投融资机制。二是调动以企业为主体的社会资本投入，利用高科技产业资源聚

集地区现存的大量科普资源，推动形成科普产业基地，逐步形成产业集群。三是加强科普产品知识产权保护，探索建立科普产品知识产权专有和科普资源共享机制，保护科普产品原创人员的合法权益。四是发挥科普产业集群效应，利用社会经济发展状况和区域资源优势，选择科普产业重点业态优先发展，并逐步带动相关产业联动发展。

10.2　展望

企业科技资源科普化的一般工作机制为：立足中央企业在国民经济发展中“顶梁柱”“压舱石”“稳定器”的作用，协同发展科技创新与科学普及，助推大国重器建设，以科技资源科普化促进科技自立自强，初步形成人才培养、作品开发、项目实施一体化的科普工作总布局。一是面向自主科技创新需求，以科普人物培养和科普人物（团队）成果为基础，参与国家重大科研项目，助力青年科普人才成长。二是以科普作品开发为输出，将科技成果持续转化为科普资源，以科学普及促进创新策源和业务融合。三是以科普项目实施为支撑，建立可持续的科普工作机制，从自筹自研到联合实施，再到加入中国公众科学素质促进联合体，逐步融入国家科普工作主阵地。

附录 A 全国科技活动周经验总结

中国长江三峡集团有限公司科学技术研究院全国科技活动周总结

根据《科技部 中央宣传部 中国科协关于举办 2021 年全国科技活动周的通知》（国科发智〔2021〕77 号）的文件精神，以及中国电机工程学会科普活动要求，中国长江三峡集团有限公司科学技术研究院（简称三峡集团科研院）依托全国科技活动周主题“百年回望：中国共产党领导科技发展”，紧紧围绕“科技自立自强”和“科学传播能力提升”两大任务，结合“我为群众办实事”工作安排和“全国科技工作者日”活动安排，大力开展一系列切合实际、贴近群众、成效显著的科普活动，取得了良好效果。

一、高度重视，精心组织

三峡集团科研院成立以来首次举办科技活动周主题活动，为确保活动取得实效，早谋划、早准备，深入调研各相关学会和单位活动情况，由科技管理部门、“电力之光”科普专家和科普兴趣爱好者共同策划筹备活动方案和内容，编写完成“科学技术研究院科技活动周方案”，落实了活动主题、组织协同、活动内容和实施方案等相关事宜。

三峡集团科研院领导高度重视全国科技活动周组织宣传工作，带头成立相应的领导小组、策划小组和宣传小组，周密部署，大力开展全国科技活动周系列活动，效果显著。

二、重点突出，内容丰富

本次全国科技活动周以“提升科学传播能力　助力科技自立自强”为主题，通过开展科技创新成果展、“科学传播能力提升”系列讲座、“电力之光”科普活动等，让职工真正感受到科技带来的便利。

1. 突出科技自立自强，加强科技创新成果宣传

2021 年 5 月 22 日起，三峡集团科研院以现有科技创新成果为基础，充分利用科普

中国 APP、微信公众号、易拉宝展板等形式，采用线上线下相结合的方式开展科技创新成果宣传展示活动。此次宣传展示活动充分利用已有空间和资源，在单位大厅、走廊等区域采取小型化经典互动展品的方式持续展出，三峡集团观摩覆盖面将近 100%。截至 2021 年 5 月 28 日，吸引近千名职工观摩、体验，有效推动了科技创新的宣传普及，促进了科普活动的大力开展。

2. 突出问题和应用导向，开展首席科学家系列讲座

2021 年 5 月 26 日，三峡集团科研院联合三峡集团大学举办了首席科学家讲座。中国科学院崔鹏院士进行了主题为“重大工程地质灾害防治”学术讲座，三峡集团大学、西藏公司等多个部门和单位的近千名职工通过现场或线上直播方式参加。崔鹏院士以川藏铁路为例，系统介绍了工程地质灾害风险防控研究成果，全面介绍了地质灾害风险防控的核心技术问题。同时，针对中国水电工程与水资源开发，从各方面阐述了其必要性和重要性，并全面论述了西藏水电开发面临的工程安全等技术问题。

3. 突出科技传播能力提升，促进科研和科普同步发展

2021 年 5 月 28 日，三峡集团科研院举办了“科学传播能力提升”主题沙龙暨“电力之光”科普活动。科研院“科技之光”科普专家及各中心员工代表参加活动并展开热烈讨论。本次沙龙活动的主题为“如何介绍你的科研方向”，围绕“通过什么方式才能让听众听得懂、记得住、用得上”展开讨论，参加人员从如何选择传播内容、如何选择合适的传播方式、如何策划各种高水平活动等方面进行了分析，同时围绕科学传播能力提升、三峡集团内外科技资源科普化现状和需求、科普品牌建设等话题展开讨论并提出建议，共同探讨了通过提升科学传播能力，助力实现科技自立自强的具体举措。

三、活动扎实，成效显著

三峡集团科研院通过多层次、多渠道、多形式的全国科技活动周主题活动，深入基层，开展科技和科普宣传、培训活动。据统计，活动期间发放各种科普海报、展板、挂图等宣传资料近百份，参与职工近千人次，最终形成视频一部、新闻报道（附件）阅读近千人次的成果。

本次活动旨在大力弘扬科学精神，进一步加强科研院各学科和各中心的专业交叉与融合，加深青年科技工作者对科研院科研体系和研究方向的了解，提升青年科学家的科学素养和创新思维，通过科学传播能力提升实现科技自立自强，使科技创新成果和科学普及活动真正惠及广大职工，充分发挥科技创新与科学普及对三峡集团实现科技自立自强和建设世界一流示范企业的引领支撑作用，为庆祝中国共产党成立 100 周年献礼。

本次活动是三峡集团迈出科普品牌化、多样化的第一步。活动的顺利开展极大地营

造了群众学科学、爱科学、参与科学的浓厚氛围，广泛提高了职工科学素质和科学传播能力，为促进全民科学素质提升做出积极贡献。未来，全国科技活动周将围绕更多主题，邀请更多国内外科技专家参加，进一步深化三峡集团科研院与行业学会组织之间的沟通与交流，建立三峡集团科技活动特色品牌。

附录 B

三峡，不止一个大坝

大家好！我是来自三峡集团的陈昂。我是一名水电工程师，主要从事水电可持续发展研究工作。同时，我也是“电力之光”科普传播专家，有时也会做一些水电方面的科普工作。

提到能源转型，三峡集团一直在“转”，三峡大坝是清洁电力的生产者。说到怎么实现“双碳”目标，我想我们的目标是0。要减碳，我们就要多发电——多发清洁的电，多发可再生能源产生的电。要减碳，我们要少发电——少发不清洁的电，少发化石能源产生的电。

大家可能没有去过三峡，但是一定接触过三峡，第五套人民币10元纸币背面图案就是三峡的景色。这个地方叫夔门，就在白帝城的旁边，自古以来就有“夔门天下雄”的说法，也从侧面表明三峡的险峻。

实际上，三峡的起源是长江的三个峡谷，分别是瞿塘峡、巫峡和西陵峡。从重庆奉节的白帝城到湖北宜昌的南津关将近200公里，这个距离确实很长。而三峡大坝就在最后一段峡谷西陵峡的中间。

建设三峡工程的设想早在100多年前就已提出。1956年，毛主席畅游长江时，写下了著名的诗歌《水调歌头·游泳》，其中，“更立西江石壁，截断巫山云雨，高峡出平湖。神女应无恙，当惊世界殊”即谈到三峡工程的畅想。

提到三峡，很多人知道是清洁电力的生产者，但相比发电而言，其防洪功能更重要。三峡工程建设之初是为了抵御长江的洪水，减少长江的水患灾害。三峡工程运行以后，极大地改善了长江中下游的防洪形势，保障了长江的安澜。这正是我们所说的“盛世安澜出峡江”。

三峡工程是世界上最大的水利枢纽工程，同时也是世界上规模最大的水电站。三峡工程共有34台发电机组，装机容量为2250万千瓦。2020年，年发电量达到1118亿千瓦时，创造了新的世界纪录，二氧化碳减排效益将近1亿吨。在这之前，世界纪录一直由巴西伊泰普水电站保持。

此外，三峡工程的航运功能也非常突出，主要是因为三峡升船机和三峡五级船闸。

三峡升船机能够实现船只的垂直提升，船只通过“坐电梯”完成过坝，全程只需要40分钟左右，有效促进了长江“黄金水道”的绿色交通。

三峡工程还有其他综合功能，尤其是在长江枯水期，可向长江中下游供水，达到应急抗旱的目的，防止长江口的咸潮入侵。

三峡工程是一个集多种功能于一体的工程。

一般，水利水电工程都有多种功能，这也是水电为什么比其他清洁能源发展更快的一个主要原因。但是怎么协调这些功能之间的关系呢？怎么才能让它们的整体效益最大化？这是我一直在做的工作和研究的内容。

今天我演讲的主题是《三峡，不止一个大坝》。除了三峡工程，三峡集团还在金沙江下游修建了4座巨型梯级水电站，分别是乌东德、白鹤滩、溪洛渡、向家坝。这4座梯级水电站“组合出道”，共同实现了“西电东送”的目标，它们的体量差不多是两个三峡。

这里重点介绍一下乌东德和白鹤滩这一对“乌白搭档”。乌东德水电站已实现全部机组投产发电，白鹤滩水电站也已实现首批机组投产发电。白鹤滩水电站是世界上单机容量最大、在建规模最大的水电站，采用的是世界上首台百万千瓦水轮发电机组。三峡工程使用的机组的容量为70万千瓦，而白鹤滩使用的机组已经达到100万千瓦。但是在100多年前，我国第一台水轮机使用的是240千瓦机组，每天发的电不够100个人使用，而白鹤滩水电站全部机组投产后，一天的发电量可以满足50万人一年的生活用电。

三峡工程的70万千瓦机组引进了国外的技术，而白鹤滩的100万千瓦机组已经实现了从设计、制造到安装整个过程的国产化。

2008年，三峡工程全部机组投产发电时，全国的水电装机容量大约只有1.7亿千瓦，而2020年已经达到3.7亿千瓦。

但是水电蓝色的比例没有那么大的变化。为什么？因为全国整体装机容量都在进行飞跃式发展，2008年只有8亿千瓦，而2020年已经是原来的3倍多，达到22亿千瓦。

更明显的是，以前几乎没有风电和光电，而2020年，风电、光电、水电几乎形成一个“三足鼎立”的局面。现在，中国的水电技术已经发展到一定程度，在世界上处于领先水平，未来要实现“双碳”目标，也许风电和光伏将与水电一起成为“主力军”。

不管是从事水电、风电还是光伏工作，每位同志都在努力奔跑。今天的三峡已经不仅是长江上的三个峡谷，也不仅是三峡大坝、三峡工程，而是清洁能源的代表。今天的三峡践行的是“奉献清洁能源，共建美好家园”的使命。我们在发展水电的同时，也在积极践行“风光三峡”的使命，努力发展风电和光伏。

三峡集团还是北京2022年冬奥会和冬残奥会的官方合作伙伴。怎么为冬奥会提供更加清洁的能源是我们一直在探索的问题，为此在河北建立了第一个平价上网的风电项目，这也是全国首个风电平价上网的企业。三峡集团不仅提供清洁的电能，还让电能更加优质、更加价廉，用实际行动践行“清洁能源，赋能冬奥”的理念。

除了陆地上的风电，三峡集团还在积极发展海上风电，打造海上新三峡，致力于做海上风电的引领者。海上风电相比于陆上风电来说更加复杂，主要是因为没有陆上空间相对较好的环境，也不像陆地那么平稳。

为了把海上风机发的电聚集起来传输到陆地上，三峡集团建设了海上最大的升压站，也是亚洲最大的海上升压站。在江苏如东建成了世界上最大的海上换流站，也是亚洲首个海上换流站。目前，从东北到南海，遍布三峡集团的海上风电。

海上风电最大的问题是遇到台风怎么办。台风会损毁风机，探索开发一种能够抵抗台风的海上风电是解决方式。不久前，全球第一台能够抵御台风的漂浮式海上风电正式上线，开始投入运行。

除了风电，三峡集团还积极发展光伏。和风电相比，光伏更加灵活，可以和多种其他需求结合使用。可以说，光伏利用“光伏+”的理念能够实现“光伏+万物”。

同时，三峡集团也在探索水下资源，于是出现了渔光互补的项目，真正实现了“水面以上能发电，水面以下能养鱼”，把当地的“包袱”变为“财富”。

我们国家有不少地方是戈壁沙漠，不适合人类生存，怎么能够在保护中发展，在发展中保护，也是一直探索的问题。

吉林双辽原来是一个荒漠戈壁，也是一个盐碱地，在盐碱地上建设光伏项目，其光伏板可有效阻止陆地上水分的蒸发，促进植被生长。同时，光伏还可以发展畜牧业，因为牲畜的粪便有利于植被生长，于是形成了一个绿色发展的循环模式。

重庆巫山也在发展光伏项目，光伏板下种植了板蓝根等中草药和经济作物，这样可将光伏的发展和当地的农业结合起来。而且，在农民居住的房屋顶上铺设光伏板，让农民自己打扫和运维，不仅可以实现用电不花钱，而且还有多余的电力并网发电，获得一定的经济收益，形成一种良好的绿色发展模式，有效改善当地的经济结构。

水电、风电、光伏虽然都是清洁能源，但任何事物都有两面性。水电、风电和光伏也有各自的缺点，主要是受季节影响比较大。水电发电呈现夏季多、冬季少的基本特征。风电只有在有风的时候才能发电，而光伏是靠光电效应发电的，没有太阳光就不能发电。针对这些问题，接下来应该做的是怎么才能让它们的优点和缺点互补，最大化发挥整体效益。

现在金沙江下游积极建设水风光一体化示范基地，可将它们之间的优点和缺点相互补充，相互促进，利用水电的稳定性补充风电和光伏的间歇性和峰谷差，以此实现稳定、安全、高效、低碳的电力输出，促进“双碳”目标实现。

回到今天的主题——三峡，不止一个大坝，表明今天的三峡，不仅是前面提到的长江三峡、三个峡谷、三峡大坝，也不仅是海上三峡、风光三峡，也不只是一个物理上的大坝，它更是一个精神上的大坝。

附录C

超级工程白鹤滩　科技创新助“双碳”

大家好，我是三峡集团的陈昂，是一名水电工程师，主要从事水电可持续发展研究工作，很荣幸能够参加“电力之光”科普大讲堂。

今天我的报告题目是“超级工程白鹤滩”，主要分享白鹤滩这个“最聪明”的水电站怎么通过科技创新助力“双碳”目标实现。

除了科研工作者，我还是中国科学技术协会“科普中国·我是科学家”的项目顾问、中国电机工程学会“电力之光”科学传播专家，平时喜欢做一些科普工作，尤其是水电方面的科普，让更多人知道我们科研工作者平时都在干什么，同时尽自己的努力对网络上传播的一些谣言进行纠正。

我的工作单位是三峡集团下属的科学技术研究院，是为了实现科技自立自强而成立的一个研发机构。大家可能不知道三峡集团，但是一定听说过三峡工程。三峡集团就是为了建设三峡工程而成立的。

1993年，为了建设三峡工程，国务院批准成立中国长江三峡工程开发总公司。2009年，公司名称变更为中国长江三峡集团公司。2017年，公司完成改制，从全民所有制企业变为国有独资公司，公司名称变更为中国长江三峡集团有限公司（简称三峡集团）。

三峡集团的业务主要包括八个板块，分别为工程建设与咨询、电力生产与运营、流域梯级调度与综合管理、生态环保投资与运营、新能源开发与运营管理、国际能源投资与承包、资本运营与金融业务、资产管理与基地服务。

经过30年持续快速的高质量发展，三峡集团现在已成为全球最大的水电开发运营企业和中国最大的清洁能源集团，是国务院国资委确定的首批创建世界一流示范企业。目前，三峡集团的业务已遍布国内31个省、自治区、直辖市，以及全球40多个国家和地区，实现了从三峡走向长江、从湖北走向全国、从内陆走向海洋、从中国走向世界的跨越式发展。

三峡集团是为了建设三峡工程成立的，全面负责三峡工程的建设与运营，但是三峡也不只有这一个大坝。三峡集团的水电和新能源在促进“双碳”目标实现的过程中体现了很好的作用。

今年“电力之光”科普大讲堂的主题是“双碳”。国家提出2030年之前实现碳达峰、2060年之前实现碳中和的“双碳”目标。为什么要提出“双碳”目标呢？实际上，“双碳”目标的本质是人类经济社会发展和生态环境保护之间的辩证关系。

“双碳”目标对推动能源转型提出了更高要求，标志着中国将进入能源系统性转型升级的新时期。要推动能源绿色改革，就离不开科技创新，更离不开广大能源电力同行的努力。“双碳”目标是经济社会的系统性变革，并且要求纳入到生态文明建设的整体布局中，这充分体现了绿色发展是中国未来实现高质量发展的关键。

三峡集团的发展一直以科技创新为引领。2019年，三峡集团成立了科学技术研究院，努力通过自主科研加快实现高水平科技自立自强，在水电、风电、光伏等清洁能源方面加强科技投入的基础上，积极探索氢能、综合智慧能源、地热能、储能等新型清洁能源方面的科技创新，努力打造原创技术的策源地，以科技创新推动产业创新，助力“双碳”目标实现。

2008年，三峡工程全部机组投产发电时，全国的水电装机容量只有1.7亿千瓦，当时中国的清洁能源仍然以水电为主，其他清洁能源的比例并不高。2020年，全国水电装机容量已经达到3.7亿千瓦，这与中国积极发展水电密不可分。虽然水电的比例没有改变多少，但是可以看出这十多年来的能源结构变化非常大，其中，变化最大的是风电和光伏，现在已经形成水电、风电和光伏“三足鼎立”的态势。

为了实现“双碳”目标，国家提出构建以新能源为主体的新型电力系统。但是新能源的发展目前还存在一些制约因素，不可能一蹴而就，需要通过持续的科技创新助力“双碳”目标的实现。目前，中国的能源结构中，水电仍然是清洁能源的主体，在能源结构调整方面发挥重要的作用。要想平稳地实现“双碳”目标，就要继续在保护生态的前提下积极发展水电。

为了能够综合反映各个国家的发展水平，联合国定义了一个指标“人类发展指数（HDI）”，包括健康、教育、生活水平等内容。研究表明，对绝大多数国家来说，水电开发程度越高，人类发展指数越大，经济社会发展水平越高。

水电工程既是推动社会经济发展的关键因素，也是社会经济发展的自然结果。加快水电开发既是发展清洁能源的需要，也是解决日益严峻的水安全问题的有效途径。

纵观全球水电的发展历史，三峡集团具有举足轻重的地位。全球12大水电站中，有5座由三峡集团建设、运营、管理。排名第一的是三峡工程，排名第二的是白鹤滩工程。今天我要分享的就是建设白鹤滩水电站的故事。

白鹤滩水电站位于金沙江下游，是金沙江下游河段四个梯级水电站的第二个梯级，位于四川省宁南县和云南省巧家县境内。作为世界排名第二的水电站，白鹤滩可以说是一个超级工程，也是实施“西电东送”战略的骨干工程。

2017年7月31日，白鹤滩获得国家核准，进入主体工程大规模建设阶段。2021年6月28日，白鹤滩水电站首批机组投产发电，开始源源不断地输送绿色电力，为建党

100 周年献礼。在白鹤滩的建设过程中，解决了多项世界性难题。

亿万年以来，金沙江奔流不息，在白鹤滩河段强烈下切，形成 V 形窄深河谷。这样的河谷正是建造大坝的理想位置。经过详细的可行性研究之后，设计人员最终选定现在的白鹤滩坝址。坝址确定以后，坝型的选择又是一个难题，因为窄深河谷的地形制约了大坝的建设。

混凝土大坝主要有两种类型。一种是重力坝，依靠大坝自身的重力保持稳定，像三峡工程一样，适合建在开阔地带。另一种是拱坝，坝体向上游方向拱起，利用拱的受力特点，将水的巨大压力传导到两岸和底部。拱坝的体积比同一高度的重力坝小很多，通常可以节约三分之一到三分之二的建筑材料，经济优势非常明显。由于白鹤滩河段是窄深河谷，不像三峡工程所在的河段那么开阔，因此设计人员综合分析后最终确定白鹤滩的坝型为混凝土双曲拱坝。

确定了坝址和坝型，就可以开始建设了。但是在开始建设大坝之前，需要先修建临时性挡水建筑物，阻挡江水进入施工区域，这样才能正常施工并且保证施工质量和安全。这种临时性挡水建筑物是围堰。要修筑围堰，首先要进行“截流”，把上游的水从事先建好的导流隧洞引到下游去。然后，在截流的位置继续加高，最终形成足够稳固、足够安全的围堰。修筑好上下游的围堰后，围堰里就没有江水了，可以开始施工建设大坝了。

围堰虽然是临时性挡水建筑物，但有时需要使用好几年。随着西南水电开发速度的加快，近年来，修建的很多都是高坝大库，需要全年导流，围堰的高度和规模也在逐步增加，可以说，围堰也是一个大坝。白鹤滩水电站的上游围堰高度达到 83 米，把中国围堰建造技术推向了一个新高峰。这个围堰的挡水时间长达 4 年，拦洪库容 4 亿立方米，防洪标准达到 50 年一遇，为白鹤滩水电站的高质量建设提供了保障。

白鹤滩水电站建成后，坝高 289 米，相当于 100 层楼高；库容 206 亿立方米，相当于一个洞庭湖的总容积；防洪库容 75 亿立方米，仅次于三峡和丹江口水库；大坝建成后，水的推力也很大，即使是 10 万吨重的航母，也得 160 多艘才能挡住这些水的推力。

白鹤滩水电站是世界上少有的 300 米级特高拱坝，是一个复杂的系统工程，建设过程中的任何一个环节出现错误，都可能导致严重后果。为了避免这样的情况发生，在建设施工过程中，要求能够随时随地掌握施工现场的情况，了解大坝的建设进度，保障各项指标都在安全范围内，实现整个项目的掌控。

为了给白鹤滩水电站的建设保驾护航，三峡集团研发了智能建造平台，管理工程的建设信息、监控混凝土的施工过程和温度，同时对工程的建设进度和安全进行模拟仿真。大坝里面埋设了上万个监测仪器，通过智能建造平台，将现场施工的各种动态推送到手机上，帮助工程师及时掌握大坝的各种安全信息，比如，位移、温度。

通过智能建造系统和监测仪器，为每一仓混凝土配上了“身份证”，这样可对大坝施工过程做到精准查询和溯源，实现人脑与电脑“同频”，把白鹤滩水电站打造为“最聪明”的智能大坝。

为了保证安全零隐患，三峡集团还设立了安全隐患上报的奖励经费，鼓励全员检查，现场检查人员都可以通过智能建造系统上报安全隐患。

白鹤滩水电站是混凝土双曲拱坝，大坝建设的原材料是混凝土。不过使用混凝土建设大坝最大的问题是裂缝，“无坝不裂”“无衬不裂”一直都是世界级难题。混凝土为什么会出现裂缝呢？这是由其材料特性造成的。混凝土在浇筑后会持续进行水化反应，水泥中的硅酸三钙和水进行反应，释放出热量。由于混凝土表面散热快、温度低，反应产生的热量会积聚在混凝土内部，混凝土内部的温度比外面的温度高很多，如果不加以控制，那么极端情况下混凝土的内外温差可达 30℃以上。超过混凝土的允许抗拉强度时，裂缝就会出现，影响结构安全。

另外，还需要考虑的是，白鹤滩地区是干热河谷气候，全年为明显的干湿两季，一年有 8 个多月都不下雨，夏天温度可达到 40 多摄氏度，昼夜温差特别大，常年大风，一年 7 级以上的大风能达到 239 天。由此可见，白鹤滩水电站建设的温控防裂要求和难度比同类其他工程都高。

在白鹤滩水电站建设的过程中，为了有效解决大体积混凝土温度裂缝的问题，三峡集团在混凝土生产、运输、浇筑和养护全过程中采取全面温控措施的同时使用低热水泥。与普通的硅酸三钙为主的水泥不同，低热水泥是一种以硅酸二钙为主导矿物的水泥，具有低水化热的特点。采用低热水泥，能够有效降低温控设备的投入，降低大坝混凝土开裂的风险，减少后期裂缝处理和维护的成本，比传统的水泥更有优势。白鹤滩坝体的混凝土为 803 万方，在主体工程建设的高峰年，浇筑量达到 512 万方，创下世界纪录，相当于 10 天左右就浇出了一座武汉长江大桥。

其实，这不是三峡集团第一次使用低热水泥。在三峡、向家坝、溪洛渡水电站建设过程中已经使用过低热水泥，经过十多年的试验、论证和应用，充分证明过低热水泥的可靠性。但是其他几个工程都是试验性使用，并且只是局部使用低热水泥。而白鹤滩水电站是第一个全坝使用低热水泥的工程，也是我国第一个全坝采用低热水泥的 300 米级特高拱坝，最终白鹤滩获得了大坝零裂缝的骄人成绩。

混凝土材料的问题解决了，但是运输却是个麻烦问题。白鹤滩水电站建设在峡谷中，两岸边坡陡峭，不利于设备和材料的运输。这时只能因地制宜地采用缆机来吊运混凝土、设备和材料。白鹤滩水电站一共设置有 7 台平移式缆机，组成当今世界上最大的缆机群，每台缆机最大起吊重量达到 30 吨。白鹤滩大坝 803 万方混凝土的浇筑都是靠这些缆机完成的。为了便于识别，7 台缆机按照彩虹的颜色涂成 7 种不同的颜色，缆机大队一共有 36 名司机，其中 33 名是女性，平均年龄不到 30 岁，于是这 7 台缆机有一个响亮的名字“七仙女”。

白鹤滩水电站的建设对缆机操作的要求很高，这个地方的多年平均雷暴天气为 54 天，大风天气时，人连正常站立都很困难，更别说用缆机把混凝土浇灌在仓面上了，有时候误差不能超过 10 厘米。在不到 7 平方米的小房间里，各位操作员用精细的操作见证了精品工程的诞生，正是她们的辛勤汗水和像她们一样的大国工匠的付出，成就了新一代的大国重器。

大坝是白鹤滩水电站的地上部分，而地下的发电厂房才是白鹤滩发电的关键部位。因为白鹤滩水电站建设在窄深的河谷中，空间有限，所以只能在两侧的山体里专门开挖地下洞室群来安装引水发电系统。

白鹤滩水电站的地下洞室群是世界上最大的“地下城”。地下洞室群的开挖量 2500 万方，可以填满 2 个西湖。地下洞室群不但规模惊人，而且错综复杂，160 多条交通洞在里面交织形成巨大的宫殿，总长度约 217 千米，相当于从上海到宁波的距离。

白鹤滩的地下厂房是目前世界上最大的地下厂房。每个地下厂房长度 438 米，高度将近 90 米，相当于 31 层楼房的高度，最大跨度 34 米，刷新了同类工程纪录。

为什么要建这么大的厂房呢？因为白鹤滩水电站装机容量 1600 万千瓦，地下厂房共布置有 16 台单机容量 100 万千瓦的水轮发电机组。每一台机组高度 51 米、重量超过 8000 吨，一台机组相当于一座埃菲尔铁塔所用金属的重量。这些机组全部安装在左、右两岸的地下厂房里，引水建筑物采用的是“单机单洞”的形式，也就是说，每台发电机组都有一条专门的引水隧洞引水，左右两岸各有 8 条引水隧洞。要容纳 16 台这样的巨型机组，自然就需要非常大的地下厂房。百万千瓦机组是目前世界上单机容量最大的水轮发电机组，可以说是世界水电行业的“珠穆朗玛峰”。

其实，水轮发电机组的单机容量一直在发展，但是百万千瓦机组的研制难度远远大于世界上其他机组。三峡水电站的 70 万千瓦机组引进的是国外技术，通过引进消化吸收再创新，逐步实现 70 万千瓦机组的国产化。依托三峡、溪洛渡、向家坝、乌东德这些大型水电工程，三峡集团不断探索，通过科技创新，提升我国自己的水轮发电机组的设计制造能力，从三峡 70 万千瓦到白鹤滩 100 万千瓦，机组的单机容量有了巨大提升。一百多年前，我国第一个水电站石龙坝的单个机组只有 240 千瓦，当时使用的是西门子的发电机组。一百多年后的今天，我国已经实现了从一百千瓦到一百万千瓦的跨越式发展，中间有四个零的数量级差距。

水电发展的过程中，一直在开展科技创新，探索增加机组容量的方法。这要从水能和电能之间的转换说起。水能到电能要经过两次转换。第一次转换是拦河筑坝，蓄水到一定水位，利用水位落差产生高速水流，把水引到水轮机，带动水轮机转动，把水的势能和动能转换为水轮机转动的机械能，水流冲击转轮的流量超过 539 立方米每秒。第二次转换是水轮机转动带动发电机转动，利用电磁感应将机械能转换为电能。

这涉及转换效率的概念。理想情况下的能量转换没有能量损失，100 焦耳的势能和动能可以转换为 100 焦耳的机械能，再转换为 100 焦耳的电能。实际上，每转换一次能量形式，都会有能量损失，要高效利用水能就要最大限度地减小转换过程中的能量损失。

白鹤滩的百万千瓦机组采用了多项世界首创的新技术，发电机效率可以达到 99.01%，是目前世界上效率最高的水轮发电机组。另外，机组已经实现了从设计、制造到安装的全部国产化，实现了我国水轮发电机组从无到有、从“中国制造”到“中国创造”的巨大跨越。百万千瓦水轮发电机组为我国水电发展带来新的突破，大幅推动了整个水电行业的发展。

除了发电，防洪也是白鹤滩水电站的重要功能。历史上，人类与洪水之间的斗争从来没有停止过。水电站发电，一般是水量越大效益越大，但是当水量超过水电站设计的限值时，就有可能冲毁大坝、危害下游人民的生命财产安全。所以，在建设水电站时，必须同时建设泄洪设施，保障大坝安全。白鹤滩的坝址和坝型决定了其泄洪要求为“窄河谷、高水头、巨泄量”。白鹤滩一共布设有 3 套泄洪设施，大坝正面有 7 个深孔和 6 个表孔，大坝岸边的山体里还有 3 条泄洪洞。

泄洪洞的结构设计形式非常多，白鹤滩的泄洪洞采用的是龙落尾的形式，包括进水塔、上平段、龙落尾、挑流鼻坎、掺气补气系统，平均洞长 2.4 千米，水头落差 120 米。其中，龙落尾这一段长度不到 400 米，但是水头落差 90 米，最大流速达到 47 米每秒。白鹤滩的总泄洪量为 4.2 万立方米每秒，大坝正面的两套泄洪设施的最大泄洪量是 3 万立方米每秒，泄洪洞承担了 30% 左右的任务，泄洪能力为 1.2 万立方米每秒，这也是目前世界上规模最大的无压泄洪洞群，按照此流量计算，18 分钟内就可以灌满整个西湖。

由于泄洪洞流量大、流速高，相当于水流按照 180 千米每小时的速度在隧洞里面奔跑。在高速水流下，隧洞里的衬砌混凝土存在空蚀破坏的风险，哪怕是两三毫米的坑洼，都可能造成大范围损毁。为了防止泄洪洞表面的衬砌混凝土遭到破坏，需要保证混凝土表面光滑。三峡集团通过改进施工工艺，实现混凝土表面无缝衔接，每一仓混凝土表面的不平整度最大不超过 3 毫米，可以说是实实在在的“镜面混凝土”，人能在里面照镜子。

白鹤滩水电站是金沙江水电基地的骨干工程，也是“西电东送”的骨干电源点，可跨越 2000 多千米将电输送到江苏和浙江。白鹤滩水电站建成后，乌东德、白鹤滩、溪洛渡、向家坝和三峡、葛洲坝共同构成世界上最大的清洁能源走廊。

白鹤滩水电站总装机容量 1600 万千瓦，一天的发电量可满足 50 万人一年的生活用电，具有显著的生态效益。其多年平均发电量大约 624 亿千瓦时，每年可以减少二氧化碳排放量约5000万吨、减少二氧化硫排放量约17万吨，每年可以节约标准煤将近2000万吨，相当于种植了20万公顷的阔叶林，极大地促进了受电地区经济社会的可持续发展。

白鹤滩水电站也是长江流域开发治理的控制性工程，控制流域面积约43万平方千米，占金沙江流域的91%。白鹤滩水电站是金沙江下游四个梯级水电站中库容最大的水电站，防洪库容75亿立方米，仅次于三峡水电站和丹江口水电站，相当于525个西湖的容量，对下游的防洪也十分重要。金沙江下游的四个梯级水电站联合运行，能够进一步提高沿岸城市的防洪标准，同时可配合三峡工程有效减少长江中下游地区的洪水。

长江一直有“黄金水道”的说法，但是金沙江下游河段的通航条件不佳，主要受人类活动影响较多，原始森林破坏比较严重，两岸的泥石流活动比较频繁，滑坡也比较多，再加上水土流失严重，河流的含沙量比较高。白鹤滩水电站蓄水后，有利于发展库区的航运。白鹤滩坝址处的多年平均含沙量约1.42千克每立方米，白鹤滩水电站建成后，出库的含沙量减少到0.2千克每立方米，比天然情况降低了86%，对于改善河道的通航条件有重要作用。

在白鹤滩水电站建设的过程中，本着“不让一滴污水流入长江”的原则，生活污水全部达标排放，中水回用为园林绿化用水。施工区的砂石骨料加工系统产生的废水经过处理后全部回用，每年可以减少废水排放量约1000万方。混凝土罐车冲洗产生的废水经过处理后也继续为罐车冲洗回用。

为了最大限度地减少汽车尾气的排放，主要工程使用液化天然气，共使用约3万吨，相当于节约了6.4万吨标准煤，减少了16万吨二氧化碳排放量，减少了300万吨氮氧化物排放量，实现了节能减排的目标。

白鹤滩地区原来的发展相对落后，通过白鹤滩水电站的建设，这里的水电资源优势转换为经济社会的发展优势。白鹤滩水电站建设过程中带动了地区和整个行业的发展，为当地带来很多就业机会。

经过十多年的科研、勘测、设计，以及6年多的筹备工作，2017年，白鹤滩水电站主体工程全面开工建设，2023年6月28日，白鹤滩水电站首批机组投产发电。纵观白鹤滩水电站的建设历程，其产生了多项世界之最：地下洞室群规模世界第一；单机容量100万千瓦世界第一；300米级高坝抗震参数世界第一；圆筒式尾水调压井规模世界第一；无压泄洪洞规模世界第一；300米级高坝全坝使用低热水泥混凝土世界第一。

2023年是中国共产党成立100周年，我国的水电经过一百多年的发展，从石龙坝水电站到白鹤滩水电站，从240千瓦到百万千瓦，从引进国外先进技术设备到完全自主设计、制造和安装，逐步实现了从跟跑到领跑的跃进。随着白鹤滩水电站的建设，我国大型水电实现了从无到有、从有到精的转变，直至进入全球水电行业的“无人区”。白鹤滩水电站的成功建设更加彰显了“国之重器”的实至名归，凝结着三峡人的努力和智慧，而成功的背后是每位三峡人对科技自立自强、勇攀科技新高峰的坚持。

附录 D 2021 年全国科普日活动案例

“学术+科普”融合——三峡集团全国科普日活动［40］

一、全面组织动员，迅速掀起全国科普日活动热潮

三峡集团科研院五个职能部门、七个研究中心高度重视、统一思想、全力协作，集中安排两周时间开展主题宣传，统筹组织全院职工深入学习中国科协等 13 个部门关于全国科普日活动的通知精神，结合三峡集团全国科普日活动整体安排，迅速把思想统一到全面贯彻落实党中央、国务院的决策部署上来，共同成立院领导统筹、青年科技工作者尤其是女性科技工作者为实施主体、应届博士生和硕士毕业生为骨干的全国科普日活动工作团队，努力为女性科技工作者创造条件和机会，努力促进科技资源科普化，使广大职工以更饱满的政治热情、更紧迫的时代担当、更崇高的历史使命参与到全国科普日活动中。

二、聚焦科技创新体系和科学普及体系融合，广泛开展全国科普日系列活动

三峡集团科研院组织开展了科技成果展、“电力之光”中国电力科普日三峡集团科研院分会场、三峡集团科研院首席科学家暨院士系列讲座、三峡集团教育培训中心网络公开课等一系列特色活动，系统回顾了科技创新和科学普及在党和国家事业发展、社会文明进步，以及人民生活水平提升等方面取得的辉煌成就，全面展望了科技创新引领高质量发展、科学普及服务高水平科技自立自强的新征程。

三、深入开展“学术+科普”融合建设，全力提升科技创新和科学普及的实践能力

三峡集团科研院组织开展了“铸就高质量科普之翼　全力谱写发展新篇章”“提升科技创新水平 强化科学传播能力”“奋力开创科技创新与科学普及携手并进新局面”等主题座谈、研讨活动，形成多项会议纪要、课题稿件、建议简报、专题报告等类型丰富的活动成果，营造了全院职工统筹推进“学术+科普一体两翼”发展的紧迫感、责任感、使命感。

四、探索建立科技创新与科学普及共同发展的长效发展机制，积极总结经验与不足

本着“回顾活动找差距、总结经验建机制”的原则，三峡集团科研院全流程梳理活动过程、全链条总结活动成效、全方位挖掘不足，评比形成一批取得优异成绩和做出突出贡献的科普工作模范表彰名单，着力强化了典型案例、先进事迹、杰出个人、亮点成果的宣传报道力度，初步提出促进“一体两翼”融合发展的长效机制，后续努力将促之有方、导之有法、行之有效的思路、做法、模式固化为科学高效、务实管用的规章制度。

附录 E
2022 年全国科普日活动总结

青年科学家 喜迎党的二十大全国科普日活动总结

一、目标和总体思路

1. 活动背景

青年人才，创新主力。培养选拔优秀年轻干部是一件大事，关乎党的命运、国家的命运、民族的命运、人民的福祉，是百年大计。把科技自立自强作为国家发展的战略支撑需要重视青年科技人才的培养。

企业主体，“三轮”驱动。2019 年，三峡集团科研院成立，以建设新型企业研究院为目标，通过加强青年科技人才自主创新，不断推动三峡集团科技自立自强。2022 年，三峡集团科研院在成立 3 周年之际，策划全国科普日活动，通过科技创新、科学普及和青年智库“三轮”驱动，研讨如何打造清洁能源领域科技创新高地，提升青年科技工作者科学传播能力，传播清洁能源科学知识，发挥企业科技创新主体作用。

2. 主要目标

清洁能源，低碳发展。本次全国科普日活动在强化国家战略科技力量、提升国家创新体系整体效能背景下，结合清洁能源科技创新需求和方向，将活动目标确定为研讨如何打造清洁能源科技创新高地，助力“双碳”目标实现，以期集聚青年科学家，通过学术报告、建议报告、科普成果等方式，推动打造清洁能源科技创新高地，促进清洁能源发展。其具体成果为打造清洁能源科技创新高地的建议、清洁能源领域相关学术报告和科普成果等。

3. 策划思路

科学技术协会指导，联合举办。三峡集团科研院联合清洁能源领域相关企业、高等院校、科研院所、学会等单位和组织，积极申报中国科学技术协会科技活动类和科学普及类项目，以期在中国科学技术协会统一指导和资助下开展活动。

跨界交流，激发活力。三峡集团科研院依托中国科学技术协会“科普中国”“科创中国”、中国电机工程学会“电力之光”、北京实体书店“三里河阅读空间”等平台，通过学术报告和科普沙龙相结合、线上和线下相结合的形式开展活动，围绕打造清洁能源科技创新高地，设定主题和议题，邀请相关领域高等院校、科研院所、专业机构、领军企业的青年科学家，搭建青年科技人才跨界交流平台，交流新问题、新方向、新观点、新思想，助力青年科技人才成长。

二、实施过程和成效

1. 筹备阶段

提前谋划，多措并举。在 2021 年第一次举办全国科普日活动后，三峡集团科研院就着手准备第二次活动，提前谋划包括主题、议题、内容、资金、人员、宣传等在内的各项工作。结合三峡集团科研院建设新型企业研究院和打造原创技术策源地的工作部署，将活动主题确定为“打造清洁能源科技创新高地”，活动时间确定为 2021 年 9 月 17 日，与三峡集团全国科普日是同一天，以便未来持续打造年度系列活动。同时，在三峡集团科研院自有活动资金基础上，为筹措更多经费，扩大活动影响，还申报了中国科学技术协会青年科学家沙龙活动项目（2022XSJLSL），将科技创新与科学普及融合在一起。

认真策划，全力保障。活动开始前三个月开始策划工作，联络相关单位共同组织本次科普日活动。中国电机工程学会对本次活动在科普日网站的申报工作提供了主要支撑，并且共同确定活动策划方案，即：以中国科学技术协会等多部门开展全国科普日活动文件精神为指导，以中国电机工程学会“电力之光”中国电力科普日系列活动要求为支撑，以三峡集团科研院实际工作需求为切入点，联合九三学社北京市海淀区青工委、《民主与科学》杂志社、《电力建设》杂志社、《中国能源》杂志社等共同举办本次活动。活动形式包括学术报告、学术沙龙、科普能力提升沙龙、调研考察、北京实体书店活动等。

2. 实施阶段

积极动员，广泛宣传。通过线上和线下渠道，三峡集团科研院采用多种形式进行动员和宣传。线上采用腾讯视频网络研讨会方式，提前在科普日网站注册活动，制作多种类型海报、条幅等，在三峡小微、中国电机工程学会、九三飞 YOUNG、电力建设、三里河阅读空间等微信公众号进行宣传，并在“科普中国”“科创中国”注册活动相关内容或登记会议，营造全员参与科普日的良好氛围。线下积极动员并邀请清洁能源领域各行业、各单位和各党派的青年科学家和高层次人才，作为报告嘉宾、点评嘉宾参会。参会代表突出学科交叉和产学研融合的特点，涵盖中国科学技术协会青托人才、杰出青年归国科技人才、龙头企业青年核心科技人员、国家级实验室青年科技人员、青年女科技人才等多种类型科技人才。

开放共享，多元融合。活动坚持开放原则，在北京实体书店三里河阅读空间举办，报名和来往人员均可参与到开放空间活动中。本次活动议题的设置具有多元化特征，聚焦打造清洁能源科技创新高地的主题，围绕“双碳”背景下，如何打造国家战略科技力量、清洁能源科技创新领域和研发方向、如何集聚清洁能源科技创新人才、如何建设清洁能源科技创新平台高地、如何使科技创新高地与产业高地相互促进、如何提升清洁能源领域青年科学家科普能力、如何提供清洁能源科技创新高地的政策支持等内容展开讨论。另外，本次活动参会人员既有来自国网国际融资租赁有限公司、中国航天科技集团五院、国家能源投资集团有限责任公司、中节能工程技术研究院有限公司等中央企业的青年骨干，也有来自清华大学、北京理工大学、北京航空航天大学等高等院校的青年教师，还有来自中国水利水电科学研究院、中石化新星（北京）新能源研究院有限公司等科研院所的青年科技工作者，是不同单位和领域科普交流、清洁能源领域产学研协同的初步探索。

3. 总结阶段

成果凝练，科学传播。为便于活动结束后进行成果总结，在活动开始前即准备了相关材料草稿，例如，建议报告、调查问卷、新闻稿、科普成果等材料。活动过程中，除学术报告和科普能力提升沙龙外，重点针对提前准备的相关材料进行研讨，形成初稿，并记录专家意见和建议，以便活动结束后直接完善材料内容。活动结束后，将相关成果进行总结、提交或发表。例如，在科普日的网站进一步补充活动内容，编写总结材料。活动新闻稿在中国科学技术协会、三峡集团、国家电网电力头条等网站，以及三峡小微、电力建设、三里河阅读空间等微信公众号发布。同时，将科普成果提交中国电机工程学会进行申报和宣传，评选一批代表性的科普人物和科普作品，扩充三峡集团科研院的“电力之光”科学传播专家人数，以及科普图文作品数量。作为中国科学技术协会青年科学家沙龙成果，本次活动还将完善后的建议报告报送中国科学技术协会，力争在打造清洁能源科技创新高地体制机制创新方面建言献策，发挥科技创新和科学普及的融合作用。

4. 活动成效

本次活动以中国科学技术协会等多部门开展全国科普日的文件要求为引领，以青年科技工作者为参与主体，以科学传播能力提升为指引，以三里河阅读空间线下开放空间、“科普中国”和“科创中国”线上平台为载体，实现了清洁能源科技创新领域的多元融合，实现了不同单位和领域的科普交流、清洁能源领域产学研协同的初步探索，实现了科技创新与科学普及的融合，将学术成果科普化，将北京实体书店活动与全国科普日活动相结合，助力青少年、中老年等不同人群提升阅读兴趣和科学认知。

同时，本次活动将中国科学技术协会打造的清洁能源科技创新高地青年科学家沙龙活动、全国科普日活动、中国电机工程学会“电力之光”中国电力科普日和“清洁能源领域科学传播能力提升沙龙”、九三学社北京市海淀区青工委青年科学家沙龙活动、三峡集团科研院全国科普日活动等多项活动有机融合，有效促进了中央企业、高等院校和科研院所的专家学者在清洁能源科技领域的交流，通过跨领域、跨学科的沙龙，促进了清洁能源科技创新高地和产业创新高地智库建设，也在全国科普日活动中有效助力科技创新与科学普及的融合，实现了科技创新、科学普及和青年智库的创新联合，也为促进建立以企业为主体的科技创新体系提供了重要参考。

三、创新亮点

1. 组织动员方面

本次活动紧密衔接 2021 年全国科普日活动，动员三峡集团科研院青年员工参与组织策划工作，形成全国科普日文件精神指导。三峡集团科研院牵头主办，中国电机工程学会提供科学传播能力提升支撑，三里河阅读空间提供线下开放空间，九三学社北京市海淀区青工委、《民主与科学》杂志社、《电力建设》杂志社、《中国能源》杂志社等共同组成联合体，各方积极动员各自单位的同志参与活动，创新了联合体的组织动员方式。

2. 科学素质提升方面

本次活动通过北京实体书店开放空间举办学术沙龙的形式开展科普日活动，这种线下传播方式影响了一大批青少年和中老年科普爱好者，特别是在“双碳”目标背景下对于普及清洁能源知识、提升公民科学素养具有重要推动作用。同时，中国电机工程学会策划举办了“清洁能源领域科学传播能力提升沙龙”，帮助青年科技工作者提升科学传播能力，创新科学传播能力提升方式，达到了良好效果。

3. 宣传推广方面

本次活动在宣传推广方式方面进行了创新，通过线上线下多种方式提高传播量。线下推广时，在传统的海报、条幅、会议通知基础上，融合活动二维码、照片直播二维码、微信群二维码等元素，以人流量较大的北京实体书店开放空间为载体，设置线下推广渠道，便于参与者随时掌握活动进展和参与状态，以及追踪活动结束后的效果。线上推广时，在科普日网站登记活动的同时，积极在“科创中国”等平台注册，在北京实体书店活动中进行宣传，创新科普与科创的融合方式、科普与阅读的融合方式，并通过联合组织单位的平台进行推广，获得较大传播量。

四、经验及思考

多元融合，协同发展。通过举办本次全国科普日活动，得出的经验是必须坚持统筹各类资源，把全国科普日活动与“喜迎党的二十大”活动、中国科学技术协会青年科学家沙龙、中国科学技术协会科学传播能力提升、北京市实体书店活动等统筹起来，这样才能发挥科学传播的广泛影响力。而且应把企业、高等院校、科研院所、学会等不同单位和组织的优势统筹起来，这样才能实现科技研发经费、科技活动经费、科学普及经费等资金的高效使用，促进科技创新与科学普及共同发展，强化全国科普日活动的政治保障和政治引领作用，让“一体两翼”的建设工作持续落到实处、生出实效。

虽然本次活动取得了广泛传播的良好效果，但也存在不足。尽管本次活动邀请了许多专业领军人才，但是未能邀请到院士等更加权威的科技工作者。按照三峡集团科研院的工作安排，每年例行举办多次以院士为主的首席科学家讲座，例如，本次活动前邀请了陈厚群院士开展与青年科技工作者谈心的专题讲座，但是由于该活动时间在本次全国科普日活动时间段之外，因此未纳入本次活动整体框架。为此，建议将全国科普日活动作为常态化系列活动举行，将年度科普相关活动纳入全国科普日的活动内容，以此提升日常科普活动的层次，扩大日常科普活动的影响，扩展全国科普日的活动范围。

附录 F

科普：行动与进展

三峡集团科研院自成立以来，高度重视科学普及工作，深入实施科技资源科普化工作，创作了一系列科普作品，实施了多个科普项目，获得多项科普奖励，以高质量科普助力高水平科技自立自强。

一、总体布局

三峡集团科研院立足科技创新与技术服务“双轮”驱动，科学普及协同发力，初步形成人才培养、作品开发、项目实施一体化的科普工作总体布局。一是以科普人物培养为基础，助力青年人才成长，已获得中国科学技术协会青年人才托举工程项目、北京市科学技术协会青年人才托举工程项目、科普中国项目顾问等荣誉，其中多项为三峡集团首次获得。二是以科普作品开发为输出，将科技成果持续转化为科普资源，以科学普及促进创新策源和业务融合，科普作品获得中国科学技术协会、北京市科学技术协会和多个学会的奖励。三是以科普项目实施为支撑，建立可持续的科普工作机制，从自筹自研到中国科学技术协会资助联合实施，逐步融入国家科普工作的主阵地。

二、科普作品

1. 中国科学技术协会《科普中国・我是科学家》活动作品《三峡，不止一个大坝》在多个主流媒体平台传播，中国水利学会等多个全国学会转载报道，累计浏览量超千万次。

2. 中国电机工程学会“电力之光”科普大讲堂作品《超级工程白鹤滩　科技创新助“双碳”》在中国电力科普日播放，获得显著行业影响和广泛社会效益。

3.《于无声处听地动——基于多重散射波的滑坡监测技术》和《可以“动”的隧洞》入选 2022 年度“电力之光”优秀电力科普图文作品。

三、科普项目

1. 中国科学技术协会青年科学家沙龙活动的两个项目获批，即创新链产业链融合和产业链现代化水平提升、打造清洁能源科技创新高地两项，通过举办沙龙的形式，召集青年科学家开展学术讨论、普及科学知识、凝练高质量政策建议，促进产学研协同创新。

2. 首次入选中国科学技术协会青年人才托举工程项目，通过研究与实践提出可复制、可推广的中央企业科技资源科普化机制。

3. 联合华北电力大学申报建设并入选首批国家储能技术产教融合创新平台，实现了国家级科研平台的突破。

四、科普奖励

1. 因主办2021年全国科普日暨中国科学技术协会青年人才托举沙龙而入选全国科普日优秀活动和优秀组织单位。

2. 因主办“电力之光”科学传播能力提升主题沙龙而连续两年获得中国电机工程学会优秀组织单位。

3. 持续为三峡集团举荐人才，连续两年获得中国公众科学素质促进联合体“典赞·科普中国”科研科普人物提名。

4. 4位青年科技工作者被聘为中国电机工程学会“电力之光”科学传播专家。

5. 5位科技工作者获得北京水力发电工程学会青年学术演讲比赛奖励，为申报北京市科学技术协会青年人才托举工程项目建立了专属通道。

参考文献

[1] 郑婷. 浅谈大数据在科普创新服务中的应用 [J]. 卷宗，2019，9（31）：333.

[2] 周婷，王清. 微博在科普知识传播中的作用探析 [J]. 中小学电教，2015（12）：23-25.

[3] 吕强. 由“互联网+”引发的“科普+”的思考：首届科协发展理论研讨会 [C]. 深圳：中国科协，2015.

[4] 韩凤芹，周孝，史卫，等. 我国财政科普投入及其效果评价 [J]. 财政科学，2018（12）：19-35，56.

[5] 中华人民共和国科学技术普及法 [M]. 北京：中国民主法制出版社，2002.

[6] 赵伟，赵奎涛，彭洁，等. 科技资源的价值及其价值表现分析 [J]. 科学学研究，2008，26（3）：461-465.

[7] 董明涛，孙研，王斌. 科技资源及其分类体系研究 [J]. 合作经济与科技，2014（19）：28-29，30.

[8] 江六一. 中国经济协调发展中的科技资源优化配置研究 [D]. 沈阳：东北大学，2006.

[9] 刘玲. 广西产业发展的科技需求研究 [D]. 南宁：广西大学，2013.

[10] 杨锦秀. 资源经济学 [M]. 成都：四川大学出版社，2001.

[11] 程鹏，娄赤刚，杨立新，等. 科技资源管理绩效评估指标体系研究 [J]. 中国科技资源导刊，2011，43（6）：20-25.

[12] 程泉民. 科技资源存量的地区分布及其变化 [J]. 调研世界，2012（11）：23-26，47.

[13] 张霞. 我国科技资源共享的问题和对策 [D]. 厦门：厦门大学科学技术哲学，2008.

[14] 陈雯文. 我国科技资源配置效率及其影响因素研究 [D]. 杭州：浙江工商大学统计学，2017.

[15] 杨子江. 科技资源内涵与外延探讨 [J]. 科技管理研究，2007（2）：213-216.

[16] 孙绪华. 我国科技资源配置的实证分析与效率评价 [D]. 武汉：华中农业大学农业经济管理，2011.

[17] 师萍，许治，邵世才. 科技投入制度与绩效评价 [M]. 北京：经济科学出版社，2005.

[18] 张九庆. 关于科技资源科普化的思考 [J]. 山东理工大学学报（社会科学版），2011（1）：38-40.

[19] 古建芹. 促进科技进步的财政税收政策分析 [J]. 经济与管理，2002（11）：28-29.

[20] 魏杰. 中国企业大趋势 [M]. 北京：中国经济出版社，1999.

[21] 国务院研究室课题组. 中国科技系统结构调整研究 [M]. 北京：地震出版社，1995.

[22] 孙家成. 人工自然论视域下政府科技创新投入绩效评估探析 [D]. 沈阳：东北大学科学技术哲学，2014.

[23] 高俊．企业科技投入与自主创新能力分析指标体系设计研究［J］．现代经济信息，2012（22）：50-51.
[24] 吕玮．统筹科技资源机制建设研究——以关天统筹科技资源示范基地为例［D］．西安：长安大学科学技术哲学，2012.
[25] 解德汝，谢仁兴，陈琳．云南科技投入：云南省全社会科技投入调查与分析［M］．昆明：云南科技出版社，1993.
[26] 蔡兵，王丽安．广东科技财力资源现状实证分析［J］．广东行政学院学报，2002，14（6）：75-78.
[27] 陈强．物化科技资源高效利用制度建设研究［D］．合肥：安徽农业大学马克思主义基本原理，2015.
[28] 路明兰．湖北省科技资源要素与结构的研究［D］．武汉：武汉理工大学高等教育学，2005.
[29] 张公毅．区域科技资源配置效率评价研究——以山东省为例［D］．青岛：青岛理工大学数量经济学，2010.
[30] 任福君．关于科普资源研究的思考：2008《全民科学素质行动计划纲要》论坛暨第十五届全国科普理论研讨会［C］．广州：广东省科协，2008.
[31] 王晓义．从科普人才培养维度看科普教材出版［J］．科普研究，2020，15（3）：84-90.
[32] 熊菲．中美城市社区教育工作者的专业化比较研究［D］．南昌：南昌大学教育经济与管理，2011.
[33] 张九庆．对科技资源科普化的五点认识［C］．北京：国家科普能力建设北京论坛论文集，2010.
[34] 曾德聪，仲长荣．技术转移学［M］．福建：福建科学技术出版社，1997.
[35] 于洪．政府收支分类改革对事业单位的影响［J］．中国农业会计，2009（2）：30-31.
[36] 邱成利．加强我国科普能力建设的若干思考与建议［J］．中国科技资源导刊，2016，48（5）：81-86，110.
[37] 高琦，李卫华．社区工作案例教程［M］．北京：中国人民大学出版社，2014.
[38] 程乐．有效提高重庆市社区科普教育活动实效的实现途径研究［D］．重庆：重庆大学科学技术哲学，2007.
[39] 冯静哲．流动科普基础设施现状及对策探讨［J］．科技风，2019（2）：228.
[40] 覃毅峰．对建设中国特色现代科技馆体系的思考：2013（江苏·南京）全国科技馆发展论坛［C］．南京：中国自然科学博物馆协会，2013.
[41] 赵沁平．虚拟现实中的10个科学技术问题［J］．中国科学（信息科学），2017，47（6）：800-803.
[42] 任福君．关于科技资源科普化的思考［J］．科普研究，2009，4（3）：60-65.
[43] 王大鹏．高等学校开展科学传播的创新途径［J］．大学科普，2012，6（2）：67-68.
[44] 莫扬，荆玉静，刘佳．科技人才科普能力建设机制研究——基于中科院科研院所的调查分析［J］．科学学研究，2011，29（3）：359-365.
[45] 王英俭，陈套，贺晓航．我国科技工作者开展科普工作影响因素与对策实证研究［J］．科普研究，2019，14（4）：5-13，49.

[46] 朱世龙，伍建民．新形势下北京科普工作发展对策研究［J］．科普研究，2016，11（4）：75-78.

[47] 冯少英．浅谈科技资源科普化建设［J］．新西部：理论版，2011（8）：65.

[48] 王康友，郑念，王丽慧．我国科普产业发展现状研究［J］．科普研究，2018，13（3）：5-11.

[49] 刘萱，马健铨，王怡青．分享经济视角下科普产业发展路径研究［J］．科普研究，2019，14（2）：18-23.

[50] 佟贺丰，赵璇，刘娅．中国科普产业发展管窥——基于全国科普统计调查的数据分析［J］．科普研究，2019，14（3）：58-65.

[51] 任福君，任伟宏，张义忠．促进科普产业发展的政策体系研究［J］．科普研究，2013，8（1）：5-12.

[52] 赵东平，赵立新，周丽娟．加强科普产业发展研究　推动科普工作社会化［J］．学会，2019（3）：57-60.

[53] 章军杰．论科普产业适用文化产业政策的合法性［J］．科普研究，2014（2）：18-22.

[54] 李黎．我国科普产业协同创新发展研究［D］．合肥：中国科学技术大学新闻学，2014.

[55] 解晴．五大发展理念的逻辑关系［J］．长江丛刊，2017（19）：143.

[56] 薄建平．牢固树立创新发展的理念研究［J］．中外交流，2016（22）：32.

[57] 王斌．推动党的十九大精神贯彻落实取得扎实成效［J］．决策探索，2017（24）：9.

[58] 本刊编辑部．创新驱动建设科技发展［J］．建设科技，2015（10）：1.

[59] 房爱博．世界强国之路与创新驱动发展战略研究［D］．北京：北京交通大学科技哲学，2014.

[60] 高宏斌，郭凤林．面向 2035 年的公民科学素质建设需求［J］．科普研究，2020，15（3）：5-10，27.

[61] 李国忠，蒙福贵，赵忠平．科技资源科普化的实践与思考［J］．大众科技，2011（7）：285-286.

[62] 胡庆华．科技资源科普化之一瞥［J］．科技创新导报，2013（15）：252.

[63] 许骏．科技企业自主创新能力提升途径［M］．北京：经济科学出版社，2011.

[64] 田小平．促进科普事业发展提高全民素质［J］．前线，2007（1）：48-49.

[65] 国务院．全民科学素质行动规划纲要（2021—2035 年）［Z］．2021.

[66] 张艳．新媒体时代下官方科普传播研究——以“科普中国”为例［D］．南宁：广西大学传媒经济学，2020.

[67] 陈希．充分发挥高校对科技教育和普及的引领作用［J］．科协论坛，2012（9）：2-3.

[68] 编辑部．让国企创新“万马奔腾”［J］．现代国企研究，2018（11）：3.

[69] 厦门大学宏观经济研究中心课题组．中国经济发展“十三五”回顾与“十四五”展望［J］．中国高校社会科学，2020（6）：4-12.

[70] 张欣．新时代国有企业的使命与供给侧结构性改革探讨［J］．现代商贸工业，2019（19）：127-128.

[71] 李世铭．国有企业劳动和技能竞赛与中心工作深度融合的思考与实践［J］．管理学家，2020（18）：72-74.

[72] 编辑部市场观察．第三届中国企业改革发展论坛发布三大报告［J］．市场观察，2019（11）：22-24.

[73] 中共中央办公厅，国务院办公厅．关于新时代进一步加强科学技术普及工作的意见［Z］．2022.

[74] 黄薇，邓国胜，曾向红．科普：企业有责［J］．中国中小企业，2010（8）：55-56.

[75] 李健民. 科技创新与科学普及融合发展的思考 [J]. 安徽科技，2019 (7)：5-7.

[76] 黄荣丽，王大鹏，陈玲. 新时期科技资源科普化的未来路径思考 [J]. 今日科苑，2020 (9)：62-67.

[77] 吕纯青. 发挥资源优势 加快科学普及——浅论龙口市在推进科技资源科普化中取得的成效 [J]. 科技信息，2011 (25)：40-41.

[78] 曹再兴，谢华. 新形势下推进科技资源科普化的几点思考 [J]. 科技管理研究，2012，32 (2)：47-49.

[79] 胡芳. 关于加强科技资源科普化的对策建议——基于上海“科研—科普”相关问题调研分析：科普惠民 责任与担当——中国科普理论与实践探索 [C]. 北京：第二十届全国科普理论研讨会论文集，2013.

[80] 张学波，吴善明. 广东省科技资源科普化现状及对策研究 [J]. 科技传播，2018，10 (1)：170-172.

[81] 林晓燕. 广州市科技资源科普化的政府引导研究 [D]. 广州：华南理工大学，2013.

[82] 贺向东，余莉莉，吴智辉. 厦门市科技资源科普化的现状与对策研究 [J]. 厦门科技，2013 (1)：51-56.

[83] 王猛，郝燕平. 石家庄市科技资源科普化研究 [J]. 统计与管理，2021，36 (9)：99-104.

[84] 周海鹰，田甜，钱昊，等. 浙江省科技资源科普化对策研究 [J]. 科技通报，2018，34 (6)：280-286.

[85] 任红松，朱光辉，南田地，等. 新疆科技资源科普化问题的思考 [J]. 科技管理研究，2012，32 (9)：64-67.

[86] 苑晓. 科技资源科普化实践与思考——以英国化工博物馆为例 [J]. 学会，2021 (9)：55-58.

[87] 季慧，张财，于丽娟，等. 从原创科普展品研发角度浅谈高端科技资源科普化能力建设——以大科学装置原创科普展品研制为例 [J]. 科技传播，2022，14 (9)：14-17.

[88] 敖妮花，龙华东，迟妍玮，等. 科研机构推动科技资源科普化的思考——以中国科学院“高端科研资源科普化”计划为例 [J]. 科普研究，2022，17 (3)：100-104.

[89] 姜联合，袁志宁. 国内外高端科技资源科普化实践与发展解析 [J]. 科技创新导报，2010 (36)：17-18.

[90] 广州气象卫星地面站. 卫星气象业务科技资源科普化创新实践 [Z]. 2017.

[91] 马宇罡，苑楠. 科技资源科普化配置——科技经济融合的一种路径选择 [J]. 科技导报，2021，39 (4)：36-43.

[92] 高国力. 新时代背景下我国实施区域协调发展战略的重大问题研究 [J]. 国家行政学院学报，2018 (3)：109-115.

[93] 金鹿，王琤. 京津冀打造世界级城市群发展研究——基于三大城市群综合评价分析 [J]. 开发研究，2019 (5)：53-58.

[94] 刘娅，佟贺丰，赵璇，等. “十二五”期间我国政府部门和人民团体科普政策文本研究 [J]. 科普研究，2018，13 (1)：15-24.

[95] 刘洋. 两条腿走路——技术革命背景下的科普政策研究 [J]. 科普研究，2019，14 (5)：47-54.

[96] 任福君．新中国科普政策 70 年［J］．科普研究，2019，14（5）：5-14.
[97] 中国科普研究所．中国科普政策法规汇编（1949—2018）［M］．北京：中国法制出版社，2019.
[98] 周忠和．科普，永远在路上［J］．科技导报，2017，35（3）：1.
[99] 习近平．论科技自立自强［M］．北京：中央文献出版社，2023.
[100] 国务院．国务院关于印发全民科学素质行动规划纲要（2021—2035 年）的通知［EB/OL］．https：//www.gov.cn/zhengce/zhengceku/2021-06/25/content_5620813.htm.
[101] 齐欣，侯非，刘琦，等．科普服务标准体系构建研究［J］．科普研究，2020，15（3）：61-68，75.
[102] 全国政协科协界．关于编制和实施“十三五”规划有关科技创新的几点建议［J］．中国科技产业，2015（3）：32-33.
[103] 周波，夏芸，张徐璞，等．基于科研机构年报数据的科技情报研究——以美国能源部 LDRD 项目年报数据中核反应堆研究领域为例［J］．情报探索，2020（1）：82-88.
[104] 文庭孝，刘晓英，罗贤春，等．知识关联的测度及应用研究［J］．高校图书馆工作，2010，30（4）：36-40.
[105] 陈必坤．学科知识可视化分析研究［D］．武汉：武汉大学情报学，2014.
[106] van Eck N J，Waltman L．VOS：A New Method for Visualizing Similarities Between Objects［C］．Berlin，Heidelberg：Springer Berlin Heidelberg，2007.
[107] 陈凡，李兆友．现代科学技术革命与当代社会［M］．沈阳：东北大学出版社，2014.
[108] 陈莹．大科学时代科学家的社会责任研究［D］．重庆：重庆大学科学技术哲学，2009.
[109] 王大鹏．对媒体与科学传播关系的反思［J］．科技传播，2015，7（22）：58-60.
[110] 王大鹏，钟琦．科学新闻的新挑战［J］．科技传播，2014，6（2）：247-248.
[111] 王大鹏．科学传播的责任［J］．民主与科学，2015（4）：38-40.
[112] 王大鹏，黄荣丽，陈玲．科研与科普结合历史视角下我国科研人员科普能力建设思考［J］．中国科学院院刊，2020，35（11）：1390-1397.
[113] 王大鹏，任磊．从信任的视角看科学素质的提升［J］．民主与科学，2017（1）：47-49.
[114] 陈玉海．论科普的科学性与人文性［D］．沈阳：东北大学科学技术哲学，2012.
[115] 李思敏．美国国家科学基金会科学传播研究［D］．长沙：湖南大学新闻传播学，2012.
[116] 王大鹏．如何做好传播科学的“二传手”［J］．求知导刊，2014（3）：108-109.
[117] 求索．刍议论文科普化［J］．宁波广播电视大学学报，2016，14（4）：封 2.
[118] 李秀菊，张超，任福君．欧盟框架计划中基础研究与科学传播结合的政策分析与启示［J］．中国科技论坛，2012（6）：144-147.
[119] 许慧．欧盟“地平线 2020 计划”及对我国“2011 计划”的启示［D］．杭州：浙江大学，2014.
[120] 王大鹏．科学的“礼崩乐坏”与科学媒体化［J］．青年记者，2018（21）：112.
[121] 梁贵军．我国科普管理和运行模式完善策略研究［D］．南京：东南大学科技事业管理，2012.
[122] 谢何月．美国研究型大学从产生到崛起：历史的视野［D］．重庆：西南大学，2019.
[123] 苏开源．一份扭转乾坤的科学报告——《科学—没有止境的前沿》60 年述评［J］．世界科学，

2005（8）：41-42.
［124］ 张珊珊．国外科技计划项目管理专业机构运行机制研究——基于典型案例的分析［D］．北京：中国科学技术信息研究所情报学，2016.
［125］ 肖广岭．国家科技政策与一流大学建设［J］．科学学与科学技术管理，2002（2）：11-14.
［126］ 李宏．克林顿科技术政策回顾［J］．科技政策与发展战略，2000（10）：5-18.
［127］ 史晓雷．科学传播的演变研究［D］．上海：东华大学科学技术哲学，2006.
［128］ 蒋纪平．美国教育信息化的特色及借鉴［J］．软件导刊（教育技术），2013，12（11）：5-7.
［129］ 莫荣新．领导干部科学素养研究［D］．南京：东南大学科学技术哲学，2004.
［130］ 游媛媛．电视科普节目的瓶颈及突破［J］．青年记者，2019（2）：56-57.
［131］ 佟贺丰，张泽玉，刘润生．围绕国家科技计划项目开展科普工作的相关调研：国家科普能力建设北京论坛［C］．北京：科技部北京市科学技术委员会，2010.
［132］ 张义芳．如何在新世纪开创科普工作局面［J］．科技导报，2000（6）：63-64.
［133］ 谢钰荣，罗芳．浅议科学技术普及的多元投资体制［J］．科技广场，2008（11）：201-202.
［134］ 杨冠英．科普工作与市场经济接轨需处理好的几个关系［J］．河南科技学院学报（社会科学版），2005，25（1）：47-50.
［135］ 李建坤，刘广斌，刘璐．科普投入产出相关文献研究综述［J］．科普研究，2015（3）：82-89.
［136］ 张毓华．加强科普宣传推动全民科学素质工程建设［J］．苏南科技开发，2007（6）：86-87.
［137］ 程帅．奥巴马政府科技政策探析［D］．武汉：武汉科技大学科学技术哲学，2012.
［138］ 徐轶青．美国高校是如何培养博士生的?［J］．经济资料译丛，2017（3）：96-101.
［139］ 吕立志，关娜．浅议新型大学的教育理念创新——以麻省理工学院（MIT）为例［J］．江苏高教，2013（2）：39-40.
［140］ 党伟龙，刘萱．英美科普奖项对我国的启示［J］．科技导报，2012，30（6）：11.
［141］ 金莺莲．全球科技节的兴起原因与发展策略分析［J］．科普研究，2018，13（4）：74-83.
［142］ 周洪昌．公众科普教育模式探索［D］．南京：南京师范大学成人教育学，2006.
［143］ 佟贺丰，赵立新，朱洪启．异彩纷呈的他国科普政策［J］．科技潮，2012（5）：30-33.
［144］ 王仲成．2010年英国的科技政策和科技举措［J］．全球科技经济瞭望，2011，26（8）：16-24.
［145］ 唐一鹏．英国高等教育创新的政策与实践及其启示［J］．国家教育行政学院学报，2013（7）：86-90.
［146］ 张换兆，许建生．英国研究理事会的特点分析及其对我国科技计划改革的启示［J］．全球科技经济瞭望，2014（11）：66-71.
［147］ 杨娟．中英美澳科学传播政策内容及其实施的国际比较研究［D］．重庆：西南大学课程与教学论，2014.
［148］ 黄时进．科学传播导论［M］．广州：华东理工大学出版社，2010.
［149］ 刘立．发达国家如何做科普［J］．发明与创新·大科技，2014（10）：30-31.
［150］ 唐英英．英国皇家学会对待科普的态度［J］．学会，2005（5）：47-48.
［151］ 杜鹏，李真真．“公众理解科学”运动的内涵演变及其启示［J］．未来与发展，2008，29（7）：52-56.
［152］ 张瑞，郝立新．透过历史看中国科普的未来［J］．创新科技，2008（5）：8-13.

[153] 赵志全，周洪伟. 西方工业强国的科技管理体系［J］. 江苏科技信息，2011（11）：32-34.

[154] 孙健. 英国政府宏观科技管理体系［J］. 全球科技经济瞭望，2003（4）：15-19.

[155] 吴波. 二十世纪英国国家科技发展政策与实践研究——以国家科技发展政策与实践为中心的历史考察［D］. 天津：南开大学世界史，2007.

[156] 唐德龙. 英国科技社团发展：趋势、经验及启示［J］. 学会，2019（12）：5-15.

[157] 王小栋，王璐，孙河川. 从 STEM 到 STEAM：英国教育创新之路［J］. 比较教育研究，2017，39（10）：3-9.

[158] 许鹏. 关于"科技馆发展奖"品牌化发展的思考［J］. 科学教育与博物馆，2015，1（4）：278-284.

[159] 吴迎春. 中国记者观察外国科普教育［M］. 北京：中共中央党校出版社，2007.

[160] 杨传喜，侯晨阳. 科普资源配置效率评价与分析［J］. 科普研究，2016（1）：41-48.

[161] 陈奇星. 比较与创新：国际大都市政府管理体制研究［M］. 上海：上海人民出版社，2006.

[162] 胥彦玲，何丹，吴晨生. 国外科技馆建设对我国的启示［J］. 科普研究，2010，5（1）：57-60，92.

[163] 李蕴澎. 中日两国科普宣传之比较［J］. 经贸实践，2017（13）：298.

[164] 韩长明. 日本科普活动和物理教育改革［J］. 国际学术动态，1998（6）：19-21.

[165] 方媛媛. 工业发达国家科普资源共建共享的经验与启示［J］. 全球科技经济瞭望，2009，24（11）：65-72.

[166] 汤书昆，方媛媛. 基于民族文化视角的学生科学素质发展与提升研究——以中西经典文化基模为例的探索［J］. 科普研究，2012，7（2）：5-10.

[167] 柏劲松. 浅析日本科普事业对我国的启示［J］. 中国科技纵横，2016（16）：254，256.

[168] 陈曦. 俄罗斯高等院校的创新型人才培养［J］. 全球科技经济瞭望，2007（9）：40-42.

[169] 卫民. 俄罗斯的中长期科技政策［J］. 全球科技经济瞭望，2003（1）：15-19.

[170] 宋兆杰，王续琨. 对转型以来俄罗斯科学领域的正面评价［J］. 科学与管理，2011，31（1）：22-27.

[171] 刘丽琴. 国民科学素质提升与社会管理改善研究［D］. 天津：天津大学公共管理，2013.

[172] 董全超，许佳军. 发达国家科普发展趋势及其对我国科普工作的几点启示［J］. 科普研究，2011，6（6）：16-21.

[173] 马红芹. 美国 K-12 阶段"科学、技术、工程和数学"（STEM）教育研究［D］. 南京：南京师范大学，2015.

[174] National Science Board. Science&Engineering Indicators 2022［R］. 2022.

[175] 李大光. 2018 国际科学素养调查数据提出的挑战［J］. 科学（上海），2018，70（3）：52-56.

[176] 方晓霞. 以色列的科技创新优势、经验及对我国的启示［J］. 中国经贸导刊（中），2019（2）：25-26.

[177] 孙二丽. 试论以色列创造科技奇迹的原因及对我国的启示［J］. 生产力研究，2016（1）：97-101.

[178] 刘艳涛. 以色列：隐形的科技霸主［J］. 环球财经，2013（3）：100-103.

[179] 胡玫. 以色列中小学科学与技术课程的经验与启示［J］. 课程·教材·教法，2017，37

（3）：122–125，84.
［180］ 胡玫. 以色列中小学科学与技术课程的融合与创生［J］. 浙江教学研究，2015（2）：3–6.
［181］ 李宝庆，胡亚慧. 以色列中小学新课程改革的内容及启示［J］. 教育探索，2015（3）：155–157.
［182］ 王炯. 智能、互动、共享的以色列创新教育理念［J］. 重庆与世界，2018（18）：30–31.
［183］ 朱剑慧，华春雨. 以色列重视教育促进全民科学素质提高［J］. 教育情报参考，2007（5）：64.
［184］ 陈贵，陈景涛. 科普创新型国家建设的土壤［J］. 发现，2019（6）：6–8.
［185］ 科技部. 中国科技人才发展报告（2020）［R］. 2020.
［186］ 窦鹏辉，陈诗波. 我国科技创新能力的绩效评估与影响因素分析［J］. 科技进步与对策，2012，29（7）：133–138.
［187］ 仇宏娟. 我国财政科技支出的绩效评价研究［D］. 苏州：苏州大学应用经济学，2017.
［188］ 黄子桐. 聚焦基础研究激励原始创新［J］. 中国科技奖励，2020（4）：19–21.
［189］ 白静. 坚守科学报国心共筑民族复兴梦——2019 年度国家科学技术奖励大会侧记［J］. 中国科技产业，2020（2）：1–2.
［190］ 王立华. 砥砺报国之志勇攀科技高峰［J］. 中国科技奖励，2020（2）：14–16.
［191］ 陈雄辉，萧艳敏，崔慧洁，等. 我国实施创新驱动和人才强国“双战略”的历史演变［J］. 科技创新发展战略研究，2020，4（4）：46–52.
［192］ 任嵘嵘，郑念，孙红霞. 我国科普专职人才队伍建设研究［J］. 科普研究，2012，7（5）：70–76.
［193］ 郑念，任嵘嵘，张利梅，等. 中国科协科普人才发展规划纲要（2010—2020 年）［M］. 北京：社会科学文献出版社，2010.
［194］ 赵东平，高宏斌，赵立新. 中国科普人才发展存在的问题与对策［J］. 科技导报，2020，38（5）：92–98.
［195］ 中国科学技术协会. 中国科协 2020 年度事业发展统计公报［EB/OL］. https：//www. cast. org. cn/sj/ZGKXNDSYFZTJGB/art/2021/art_c9e79bbda2934f518215d03aa22cc03a. html.
［196］ 中华人民共和国科技部. 中国科普统计（2021 年版）［M］. 北京：科学技术文献出版社，2022.
［197］ 袁梦飞，周建中. 我国高层次科普人才培养的现状与建议［J］. 中国科学院院刊，2019，34（12）：1431–1439.
［198］ 李卉，熊春林，尹慧慧. 基于规模与效率的地区科普能力评价研究［J］. 科技与经济，2019，32（3）：11–15.
［199］ 周智. 科技馆科普专门人才培养模式及其对策研究：2014（安徽·芜湖）全国科技馆发展论坛［C］. 芜湖：安徽省科学技术馆，2014.
［200］ 董毅. 人才培养质量视角下高层次科普人才培养模式探究［D］. 武汉：华中科技大学教育管理，2017.
［201］ 张丰. 创新引领城市发展 清华科技园第三届启迪创新论坛在广州隆重举行［J］. 中国高新技术企业，2011（11）：108–109.
［202］ 姚慧丽. 浙江省海外高层次人才引进政策研究［D］. 杭州：浙江大学，2012.

[203] 产学研金项目对接与成果转化［J］. 中国科技产业，2014（1）：48-55.
[204] 赵立新，王黎明. 我国新时期科普资源开发问题和思考［C］. 东莞：第六届馆校结合·科学教育论坛 . 2014：9-15.
[205] 中国科协牵头组建科学传播专家团队［J］. 科技导报，2013，31（26）：29.
[206] 袁志彬，李猛. 中国国立科研机构网络传播力的实证研究——以中国科学院北京分院所属研究院所为例［J］. 科普研究，2020，15（3）：48-53.
[207] 国家统计局，科学技术部，财政部. 2020 年全国科技经费投入统计公报［R］. 2021.
[208] 史诗. 我国基础研究经费首破千亿，解决“卡脖子”问题的重要科技成果仍不足［J］. 中国科技财富，2019（9）：4-5.
[209] 孙云杰，陈钰. 中国科技创新现状及面临的问题研究［J］. 科技管理研究，2019（22）：22-27.
[210] 吴怡骏. 股权结构对企业 R&D 投入强度的影响研究［D］. 广州：华南理工大学，2020.
[211] 我国研发投入再创新高 研发强度超过欧盟 15 国平均水平［J］. 中国科技财富，2017（12）：23-24.
[212] 国家统计局社会科技和文化产业统计司，科学技术部战略规划司. 中国科技统计年鉴-2022［G］. 北京：中国统计出版社，2022.
[213] 李建坤. 我国科普投入产出效率研究［D］. 北京：北京化工大学工商管理，2016.
[214] 高建杰. 科普筹资多元化机制研究——以潍坊市为例［D］. 济南：山东大学公共管理，2013.
[215] 刘艳斌. 积极落实《纲要》，推进大型仪器设备平台建设［J］. 实验技术与管理，2005（2）：137-140.
[216] 范道宠. 我国科技基础条件平台的运行机理与机制建设研究［J］. 当代经济，2010（21）：117-119.
[217] 岳晓杰. 我国科技基础条件平台建设的现状与对策研究［D］. 沈阳：东北大学行政管理，2008.
[218] 谭瑞琮. 国家科技基础条件平台建设初探［J］. 上海经济，2012（8）：42-43.
[219] 吴根，杨晓秋，李旭彦. 企业国家重点实验室发展现状及对策［J］. 中国基础科学，2014（4）：29-32.
[220] 高亮. 开放共享的科技基础条件平台合作创新机制研究［D］. 合肥：中国科学技术大学公共管理，2015.
[221] 本刊编辑部. 我国科技基础条件平台体系初步建成［J］. 科技促进发展，2015（3）：309-316.
[222] 许东惠，李加洪，赫运涛，等. 我国科技基础条件资源调查工作的发展与思考［J］. 中国科技资源导刊，2018，50（1）：1-6.
[223] 李玲玲，赵林萍，王芳，等. 科研院所大型仪器开放共享平台建设的探索［J］. 农业科研经济管理，2015（4）：18-21.
[224] 2019 年中国科技论文统计结果——中国科技论文的整体表现［J］. 分析化学，2019，47（12）：1900，1921.
[225] 俞征鹿，许晓阳. 中国英文科技期刊的统计与分析［J］. 科技管理研究，2017，37（23）：

85-90.
[226] 杨欣妍. 新全球化视野下我国科技期刊“走出去”的产品策略研究［D］. 武汉：华中科技大学，2019.
[227] 陈鹏，徐海丽. 我国科技期刊出版管理政策及实施效果［J］. 中国出版，2020（20）：14-19.
[228] 2019 年版中国科技期刊（核心）地学类排行榜发布——《地球学报》影响因子 1.401［J］. 地球学报，2020，41（1）：127-128.
[229] 中国科技论文统计与分析课题组. 2018 年中国科技论文统计与分析简报［J］. 中国科技期刊研究，2020，31（1）：88-98.
[230] 国家知识产权局. 国家知识产权局 2022 年度报告［R］. 2023.
[231] 世界知识产权组织. 2022 年全球创新指数报告［R］. 2022.
[232] 赵菡，杨家英，郑念. 从突发公共事件科普看应急科普场馆建设［J］. 科普研究，2020，15（2）：68-75.
[233] 王娟，刘静，张玥. 浅谈航天科普教育基地数字化建设［J］. 科学与信息化，2020（32）：162.
[234] 王英俭，陈套，贺晓航. 我国科技工作者开展科普工作影响因素与对策实证研究［J］. 科普研究，2019，14（4）：5-13，49.
[235] 王晓萍. 我国网络科普的媒体形式及特征研究［D］. 大连：大连理工大学科学学与科技管理，2019.
[236] 汤乐明，苗润莲，胥彦玲，等. 移动互联网背景下加强北京科普工作的策略研究［J］. 天津科技，2015（1）：59-61，63.
[237] 袁洁. 工程师学会参与工程科普人才建设的组织条件与主要路径研究［J］. 科技传播，2020，12（21）：31-33，79.
[238] 汪新华. 我国科普工作成效评价及影响因素研究［D］. 北京：中国科学技术信息研究所竞争情报，2020.
[239] 科学技术部，中共中央宣传部，国家发展和改革委员会，等. 关于加强国家科普能力建设的若干意见［EB/OL］. https://www.safea.gov.cn/ztzl/gjzctx/ptzcjykp/200802/t20080225_59250.html.
[240] 姜联合，袁志宁，马强. 我国科技计划项目科普化模式和实施过程初探［J］. 科普研究，2010，5（6）：5-13.
[241] 黄东流，佟贺丰，王超英. 我国科学技术普及现状及发展研究分析［J］. 科普研究，2013（6）：8.
[242] 焦惠娟. 浅谈科技资源科普化建设［J］. 商场现代化，2012（28）：243-244.
[243] 嫦娥之父欧阳自远：科普科研同样重要［J］. 今日科苑，2010（19）：59-61.
[244] 李媛. 打通学术资源科普化“最后一公里”——科研成果向科普资源转化的观察与思考［J］. 改革与开放，2019（11）：19-21.
[245] 佟贺丰，刘娅，黄东流. 中国部门科普工作的定量评价与分析［J］. 全球科技经济瞭望，2017，32（9）：54-59.
[246] 刘洋，唐任伍，李冲，等. 科普产业：破题社会力量开展科普［C］. 芜湖：2012 年科普产业发展高端论坛论文集，2012.

[247] 陈晨. 在校大学生参与科普志愿服务的意愿及影响因素研究［J］. 卷宗，2015，5（12）：131-132.

[248] 李岚清. 加强科学技术普及工作 提高全民族的科学素质［J］. 科技馆，2003（C00）：2-9.

[249] 刘敢新，钟博，丁媛媛. 中国基层科普工作存在的问题及其对策探析［J］. 高等建筑教育，2013，22（1）：146-150.

[250] 中国科学技术协会科学技术普及部. 全民科学素质行动计划纲要 28 讲［M］. 北京：科学普及出版社，2008.

[251] 范旭，吴焕泉，吴国林. 科技工作者的社会责任与和谐社会建设研究：第二届全国 " 科技与社会发展" 中青年南方论坛论文集［M］. 成都：电子科技大学出版社，2007.

[252] 法律出版社. 中华人民共和国长江保护法（含草案说明）［G］. 北京：法律出版社，2021.

[253] 全国人大常委会办公厅. 中华人民共和国科学技术进步法（最新修订本）［G］. 北京：中国民主法制出版社，2022.

[254] 朱丽兰.《中华人民共和国科学技术普及法》释义［M］. 北京：科学普及出版社，2002.

[255] 全国人大财政经济委员会，国家发展和改革委员会编写. 2016—2020《中华人民共和国国民经济和社会发展第 十三个五年规划纲要》解释材料［M］. 北京：中国计划出版社，2016.

[256] 何立峰，中国国家发展和改革委员会.《中华人民共和国国民经济和社会发展第十四个五年规划和 2035 年远景目标纲要》辅导读本［M］. 北京：人民出版社，2021.

[257] 谢周梁，邵盈. 浅论我国科学技术传播与普及政策［J］. 传承，2013（10）：53-55.

[258] 国务院办公厅. 国务院办公厅关于印发全民科学素质行动计划纲要实施方案（2016—2020 年）的通知［EB/OL］. https：//www. gov. cn/zhengce/content/2016-03/14/content_5053247. htm.

[259] 国务院应对新型冠状病毒感染疫情联防联控机制综合组. 关于开展新冠肺炎防控科普宣教活动的通知［EB/OL］. https：//www. gov. cn/xinwen/2020-03/08/content_5488798. htm.

[260] 王康友，尹霖，谢小军，等. 把科学普及这一翼打造得更强大［J］. 科普研究，2016，11（3）：5-9.

[261] 牛桂芹. 浅论新时期多元化视角下的科学传播主体结构［J］. 科学教育与博物馆，2017，3（4）：278-286.

[262] 全民科学素质行动纲要实施工作办公室. 关于印发《科技创新成果科普成效和创新主体科普服务评价暂行管理办法（试行）》的通知［EB/OL］. http：//www. cast. org. cn/kp/TZGG/art/2017/art_18ca14175bf648f3b5e81065a0a9ea7b. html.

[263] 汪丽丽. 我国科普政策运行状况的调查及对策研究［D］. 合肥：中国科学技术大学新闻学，2013.

[264] 正言. 科普活动的简要回顾与展望（下）［J］. 中国科技奖励，2005（4）：89-93.

[265] 中国科协，教育部，科技部，等. 中国科协 教育部 科技部 中科院关于举办 2016 年全国科普日活动的通知［EB/OL］. http：//www. cast. org. cn/kp/TZGG/art/2016/art_65c1eb72f1274644b1d8ae6fb6d5a135. html.

[266] 中国科协，教育部，科技部，等. 中国科协 教育部 科技部 环境保护部 农业部 中科院 国家能源局关于举办 2017 年全国科普日活动的通知［EB/OL］. http：//www. cast. org. cn/kp/TZGG/art/2017/art_5fe7e35c3276420a94f583622ee784be. html.

[267] 中国科协，中央宣传部，教育部，等. 中国科协等 13 部门关于举办 2021 年全国科普日活动的通知［EB/OL］. http：//www.cast.org.cn/xw/tzgg/KXPJ/art/2021/art_3e6d18c2b8d54eb981c3e4b301ba2cbd.html.
[268] 中国科协，中央宣传部，中央网信办，等. 中国科协等 18 部门关于举办 2022 年全国科普日活动的通知［EB/OL］. http：//www.cast.org.cn/kp/TZGG/art/2022/art_b0c44a9cbc1e45c8aabe51b0a77d19ae.html.
[269] 张义忠. 我国地方科普法治建设中科普内涵的创新与外延拓展［C］. 北京：2011 公民科学素质建设论坛暨第十八届全国科普理论研讨会，2011.
[270] 姚明，叶静. 我国社会科学普及地方立法研究——基于 13 部地方性法律文件的实证分析［J］. 嘉应学院学报，2020，38（4）：53-57.
[271] 邓爱华. 北京如何打造“科普原创之都”——专家、学者热议《北京“十二五”科普规划》?［J］. 科技潮，2011（10）：8-15.
[272] 于寅虎. 支持教育是企业社会责任的重中之重——专访英特尔中国执行董事戈峻［J］. 电子产品世界，2012，19（9）：1-3.
[273] 李秀菊. 国际科学与工程大奖赛的发展历程分析与启示［J］. 外国中小学教育，2010(12)：46-48.
[274] 2019 全国科技工作者日活动掠影［J］. 中国科技奖励，2019（6）：46-49.
[275] 2019 年全国科技工作者日主题系列活动电视电话会议在京召开［J］. 学会，2019（5）：封 2.
[276] 赵兴凯. 浅析科技社团助力科技自立自强的实践途径——学习党的十九届五中全会精神的思考［J］. 学会，2020（11）：26-29.
[277] 马丽萍. 试论科普活动在群众文化中的作用与意义［J］. 艺术科技，2018，31（8）：296.
[278] 王立新. 提高领导干部和公务员科学素质对策研究［J］. 未来与发展，2019，43（11）：32-41.
[279] 北京市人民政府办公厅. 北京市人民政府办公厅关于印发《北京市全民科学素质行动规划纲要（2021—2035 年）》的通知［EB/OL］. beijing.gov.cn/zhengce/zhengcefagui/202203/t20220313_2629431.html.
[280] 王祥. 加强科普资源共建共享的几点思考［J］. 中国西部，2017（10）：141.
[281] 孙小莉，苗秀杰，吴媛，等. 北京科学中心科学传播体系建设研究［J］. 今日科苑，2020（1）：78-83.
[282] 曹艳. 科普场馆公共服务质量管理优化研究——以上海科技馆为例［Z］. 上海师范大学，2020.
[283] 王世佳. H 省全国科普教育基地资源配置效率评价研究［D］. 哈尔滨：哈尔滨工程大学公共管理，2017.
[284] 颜瑛逸. 科普基地活动及其作用机理分析［D］. 沈阳：东北大学科学技术哲学，2012.
[285] 中共上海市委组织部，上海市科学技术协会. 上海市科协与市委组织部联合发布《关于加强党建引领基层科协建设的意见》［EB/OL］. http：//www.cast.org.cn/xw/KXYW/art/2019/art_5808ec7a51d54bd589ad022de676bd95.html.
[286] 程坤鹏，徐家良. 新时期社会组织党建引领的结构性分析——以 S 市为例［J］. 新视野，2018（2）：37-42.
[287] 上海市科普工作联席会议办公室. 上海市科普事业“十四五”发展规划［EB/OL］. ht-

tps：//stcsm. sh. gov. cn/zwgk/ghjh/20220704/fb5709f33bdd4174b41e0ce52daf7693. html.

［288］ 徐鹏飞. 中国研发产业发展的激励政策研究［D］. 郑州：河南农业大学管理科学与工程，2010.

［289］ 上海市科学技术委员会，上海市财政局，上海市税务局，等. 上海市科普税收优惠政策实施细则［EB/OL］. https：//www. fengxian. gov. cn/kw/kjzc/kxpj/20090203/1851-534f16e1-b4d8-4815-bc1a-39ceab7542db. html.

［290］ 上海市科学技术委员会. 关于发布上海市 2023 年度“科技创新行动计划”科普专项项目申报指南的通知［EB/OL］. https：//stcsm. sh. gov. cn/zwgk/kyjhxm/xmsb/20230206/3d7f5a7ba37942ce90fce7f854aa 45d4. html？ eqid =ce3620f300027da6000000004645a0786.

［291］ 科技部，中央宣传部. 科技部 中央宣传部关于印发《“十三五”国家科普与创新文化建设规划》的通知［EB/OL］. https：//www. safea. gov. cn/xxgk/xinxifenlei/fdzdgknr/fgzc/gfxwj/gfxwj2017/201705/t20170525_133003. html.

［292］ 唐强，黄何，李妃养. 中国科技创新进口税收政策体系分析研究［J］. 科技与创新，2019（15）：147-148，153.

［293］ 财政部关税司. 落实完善进口税收政策促进科学教育事业发展［J］. 中国财政年鉴，2013（1）：85-87.

［294］ 朱秒秒. 我国文化产业的税收优惠法律制度研究［D］. 合肥：安徽大学经济法学，2014.

［295］ 李朝晖. 中国科普教育基地动员机制研究［C］. 昆明：首届全国科普教育基地科普能力建设研讨会，2014.

［296］ 财政部，海关总署，税务总局. 关于“十四五”期间支持科普事业发展进口税收政策的通知［EB/OL］. https：//www. gov. cn/zhengce/zhengceku/2021-04/26/content_5602747. htm.

［297］ 财政部，中央宣传部，科技部，等. 关于“十四五”期间支持科普事业发展进口税收政策管理办法的通知［EB/OL］. https：//www. gov. cn/zhengce/zhengceku/2021-04/26/content_5602744. htm.

［298］ 中国地质调查局. 中国地质调查局科学技术普及规划（2017—2020 年）［EB/OL］. https：//www. cgs. gov. cn/ddztt/qgddh/2018ddh/cgzs2017/201801/P020180122373697779677. pdf.

［299］ 国家林业和草原局，科学技术部. 国家林业和草原局 科学技术部关于印发《国家林草科普基地管理办法》的通知［EB/OL］. http：//www. forestry. gov. cn/main/5461/20210708/113721108769267. html.

［300］ 自然资源部，科学技术部. 自然资源部 科学技术部关于印发《国家自然资源科普基地管理办法（试行）》的通知［EB/OL］. http：//f. mnr. gov. cn/202112/t20211227_2715859. html.

［301］ 生态环境部，科技部. 生态环境部 科技部关于印发《国家生态环境科普基地管理办法》的通知［EB/OL］. https：//www. gov. cn/gongbao/content/2019/content_5442283. htm.

［302］ 交通运输部，科学技术部. 交通运输部 科学技术部关于印发《国家交通运输科普基地管理办法》的通知［EB/OL］. https：//www. gov. cn/zhengce/zhengceku/2020 - 07/22/content _5528944. htm.

［303］ 水利部办公厅. 水利部办公厅印发《国家水情教育基地设立及管理办法》的通知［EB/OL］. https：//www. chinawater. com. cn/newscenter/gg/201512/t20151225_ 410433. html

［304］ 水利部办公厅. 水利部办公厅关于组织做好 2018 年国家水情教育基地申报工作的通知［EB/

OL]. https://www.gov.cn/zhengce/zhengceku/2018-12/31/content_5441010.htm.
[305] 水利部，共青团中央，中国科协. 水利部 共青团中央 中国科协关于加强水利科普工作的指导意见 [EB/OL]. http://www.mwr.gov.cn/zw/tzgg/tzgs/202104/t20210430_1516937.html.
[306] 国家体育总局，科学技术部. 国家体育总局 科学技术部关于印发《国家体育科普基地管理办法》的通知 [EB/OL]. https://www.sport.gov.cn/n315/n20001395/c23412511/content.html.
[307] 中国气象局，科学技术部. 中国气象局科技部关于印发《国家气象科普基地管理办法》的通知 [EB/OL]. https://www.cma.gov.cn/zfxxgk/gknr/wjgk/gfxwj/202006/t20200611_1736883.html.
[308] 中国科学院，科学技术部. 中国科学院 科学技术部关于加强中国科学院科普工作的若干意见 [EB/OL]. https://www.cas.cn/tz/201503/t20150319_4324125.shtml? bsh_bid=758474315.
[309] 欧阳自远，吴文仙. 科普工作是科学家的社会责任 [J]. 当代贵州，2015 (13)：22-23.
[310] 中国科学院科学传播局. 国家科研科普基地管理办法（试行） [EB/OL]. https://www.cas.cn/gzzd/kxcb/201912/P020191220546234488180.pdf.
[311] 中国科学院科学传播局. 中国科学院“十三五”科学传播发展规划纲要 [EB/OL]. https://www.cas.cn/gzzd/kxcb/202107/P020210730538631602300.pdf.
[312] 中国科学院. 中国科学院科学传播工作管理办法 [EB/OL]. https://www.cas.cn/gzzd/kxcb/201912/P020191220544589285715.pdf.
[313] 中国科学院科学传播局，中国科学院前沿科学与教育局. 关于在我院研究生教育中实施科普活动学分制的通知 [EB/OL]. https://www.cas.cn/gzzd/kxcb/201912/P020191220543596581046.pdf.
[314] 中国科学院办公厅. 中国科学院科学传播奖管理办法 [EB/OL]. https://www.cas.cn/gzzd/kxcb/201912/P020191220543128635796.pdf.
[315] “2019年度科协十大事件”揭晓 [J]. 新媒体研究，2020，6 (8)：插3-插4.
[316] 中国公民科学素质调查课题组. 第十一次中国公民科学素质抽样调查主要结果发布 [J]. 科普研究，2021，16 (1)：94-95.
[317] 国家统计局. 中华人民共和国2022年国民经济和社会发展统计公报 [N]. 人民日报，2023-03-01.
[318] 张媛媛. 科技创新第一动力论的整体性审视 [J]. 经济研究参考，2020 (18)：120-128.
[319] 冯辰. 坚持党管人才原则加强人才队伍建设 [J]. 管理学家，2020 (16)：135-136.
[320] 刘新芳. 当代中国科普史研究 [D]. 合肥：中国科学技术大学科学技术哲学，2010.
[321] 王挺. 国家科普能力发展报告（2022） [G]. 北京：社会科学文献出版社，2022.
[322] 张志敏，陈玲. 面向2035年的科普创作发展：愿景与路径 [J]. 科普研究，2020，15 (4)：32-39.
[323] 傅建华. 北碚区科协着力开展企业科协网推广与应用 [J]. 植物医生，2018，31 (2)：4-5.
[324] 李润婷，张学波. 创建多层次、立体式、全方位的社区科普e站 [J]. 科技传播，2019，11 (23)：182-184.
[325] 田世宏. 以习近平新时代中国特色社会主义思想为指引 开启全面标准化建设新征程 在全国标准化工作会议上的报告（摘要） [J]. 中国标准化，2018 (3)：10-14.
[326] 杜飞进. 推进标准化是国家治理现代化的必然要求 [J]. 中国标准化，2016，76 (1)：52-55.
[327] 中央政府门户网. 国务院印发《深化标准化工作改革方案》 [J]. 生活用纸，2015，15

（5）：23.

［328］ 高鹰忠. 高鹰忠：全面实施标准化战略、深入践行五大发展理念［J］. 中国标准化，2016（14）：77-81.

［329］ 田晓平. 习近平新时代中国特色社会主义思想关于实施标准化战略的研究与思考［J］. 中国质量与标准导报，2018（2）：24-28，31.

［330］ 邱均平，李小涛. 公共文化服务标准体系的基本理论问题研究［J］. 重庆大学学报（社会科学版），2015，21（5）：122-127.

［331］ 习近平、李克强关于标准化工作指示（摘选）［J］. 质量与标准化，2016（10）：3-4.

［332］ 郭占恒. 习近平文化思想［J］. 中国标准化，2015（10）：63-64.

［333］ 中共中央办公厅国务院办公厅印发《关于建立健全基本公共服务标准体系的指导意见》［J］. 大众标准化，2018（12）：48.

［334］ 国家标准委印发《2019年全国标准化工作要点》［J］. 船舶标准化工程师，2019，52（2）：5-8.

［335］ 国家标准化管理委员会印发《2020年全国标准化工作要点》［J］. 起重运输机械，2020（5）：30.

［336］ 国家标准化管理委员会. 国家标准化管理委员会关于印发《2020年全国标准化工作要点》的通知［EB/OL］. https：//www. gov. cn/zhengce/zhengceku/2020-03/24/5494968/files/cb56eedbcacf41bd98aa286511214ff0. pdf.

［337］ 齐欣，侯非，刘琦，等. 科普服务标准体系构建研究［J］. 科普研究，2020，15（3）：61-68，75.

［338］ 阎光亚，李小瓯. 关于成立中国自然科学博物馆协会科普场馆标准化技术委员会的建议［C］. 嘉兴：2004年科技馆学术年会论文选编，2004.

［339］ 中国科学技术协会. 全民科学素质行动计划纲要 2006—2010—2020年［M］. 北京：科学普及出版社，2008.

［340］ 文兴吾，何翼扬. 论我国推进创新型国家建设的基本方略［J］. 中国科技论坛，2009（4）：14-18.

［341］ 崔建平. 新中国科普发展史上的几座里程碑［J］. 科普研究，2019，14（5）：55-65.

［342］ 边莉. 我国公民科学素质政策的相关政策［J］. 青年时代，2016（19）：58.

［343］ 科学技术部. 国家科学技术普及“十二五”专项规划［EB/OL］. https：//www. mnr. gov. cn/zt/kj/kjfz/fgzc/fzgh/201811/P020181129537198940665. pdf.

［344］ 赵彦云. “十三五”国家科技创新规划指标的相关统计问题研究［J］. 中国软科学，2017（11）：1-7.

［345］ 国务院办公厅. 国务院办公厅关于印发全民科学素质行动计划纲要实施方案（2016—2020年）的通知［EB/OL］. https：//www. gov. cn/zhengce/content/2016-03/14/content_5053247. htm.

［346］ 国务院. 国务院关于印发“十三五”国家科技创新规划的通知［EB/OL］. https：//www. gov. cn/zhengce/content/2016-08/08/content_5098072. htm.

［347］ 陈闯. 全国科普服务标准化技术委员会正式成立［J］. 自然科学博物馆研究，2017（3）：12.

［348］ 全国科普服务标准化技术委员会秘书处. 关于全国科普服务标准化技术委员会换届及征集委员的通知［EB/OL］. http：//www. cast. org. cn/xw/tzgg/KXPJ/art/2021/art _ 373114674cf844f2a14 a37b1f249fa54. html.

[349] 中国科学技术馆. 第二届全国科普服务标准化技术委员会成立大会暨 2022 年年会在京召开 [EB/OL]. http://www. cast. org. cn/xw/KXYW/art/2022/art_8232801f693d4279a8df8c5bd3a2652d. html.

[350] 中国科协办公厅. 中国科协办公厅关于加强科普标准化工作的通知 [EB/OL]. http://www. cast. org. cn/kp/TZGG/art/2021/art_e53342844bbe4e67866017dfe432e598. html.

[351] 王凯志. 国际标准化新动向 [J]. 标准计量与质量, 1997 (5): 6-8.

[352] 邓凤琴. ISO 国际标准及其启示 [J]. 工程建设标准化, 2011 (10): 35-40.

[353] 李静. 国际标准组织及国外先进标准组织机构介绍 [J]. 建筑机械 (上半月), 2007 (4): 10-11.

[354] 郎为民. ISO/IEG 的 RFID 标准化进展 [J]. 商品储运与养护, 2006, 28 (3): 24-27.

[355] 沈俊强. 中国与联合国教科文组织教育合作关系的研究——以"全民终身教育"为视角 [D]. 华东师范大学中外教育关系, 2009.

[356] UNESCO. An International Standard Classification of Education, ISCED [J]. Prospects, 1973, 5 (3): 390-397.

[357] 中国科学技术馆, 国家科技基础条件平台中心, 中国标准化研究院, 等. 科普资源分类与代码 [S]. 中华人民共和国国家质量监督检验检疫总局, 中国国家标准化管理委员会, 2016.

[358] 《科技馆展览教育服务规范》《科普信息资源唯一标识符》两项国家标准发布实施 [J]. 科技传播, 2021, 13 (24): 8.

[359] 王梦倩, 聂海林, 崔鸿, 等. 以观众为中心的科技馆教育服务设计框架建构——国家标准《科技馆展览教育服务规范》的编制经验与思考 [J]. 科学教育与博物馆, 2021, 7 (4): 323-331.

[360] 华中师范大学, 湖北省科学技术馆, 湖北省标准化与质量研究院. 科技馆展览教育服务规范 [S]. 国家市场监督管理总局, 国家标准化管理委员会, 2021.

[361] 中国标准化研究院, 中国科学技术馆, 中国科学院计算机网络信息中心, 等. 科普信息资源唯一标识符 [S]. 国家市场监督管理总局, 国家标准化管理委员会, 2021.

[362] 朱幼文, 蔡文东. 我国科技馆类型、规模、效益之数据分析 [J]. 科学教育与博物馆, 2017, 3 (2): 79-86.

[363] 朱幼文. 中国的科技馆与科学中心 [J]. 科普研究, 2009, 4 (2): 68-71.

[364] 中国科学技术协会. 科学技术馆建设标准 [S]. 行业标准-建设部工程项目建设标准, 2007.

[365] 余宏亮, 黄金艳, 黄雁翔. 新版《科学技术馆建设标准》中增设微小型馆类别的探讨 [J]. 科学教育与博物馆, 2019, 5 (2): 100-103.

[366] 中国科学技术协会. 中国科协关于印发《中国科协科普发展规划 (2021—2025 年)》的通知 [EB/OL]. https://www. cast. org. cn/xw/KXXTSHGG/syfzgh/art/2023/art _ 8410e629fbb44c0f9e6409c36a3837ca. html.

[367] 工业和信息化部. QC/T 1080-2017 科普宣传车 [S]. 2017.

[368] 中国林学会. 林业科普基地评选规范 [S]. 国家林业局, 2015.

[369] 公安部沈阳消防研究所. 消防信息代码 第 52 部分: 消防科普教育基地类型代码 [S]. 中华人民共和国公安部, 2017.

[370] 中国气象局. QX/T 578—2020 气象科普教育基地创建规范 [S]. 2020.
[371] 大厂回族自治县万果园现代农业科技有限公司. 热带植物馆科普研发基地服务规范 [S]. DB1310/T 226—2020：2020.
[372] 临汾市防震减灾中心，临汾市质量技术监督检验测试所. DB1410/T 111—2020 防震减灾科普教育基地管理要求 [S]. 2020.
[373] 杭州市拱墅区质量学会，杭州市科普教育基地联合会，杭州市拱墅区科学技术协会. DB3301/T 0200-2018 科普教育基地管理与服务规范 [S]. 2018.
[374] 谭文华. 科普资源共建共享的机制、模式与途径 [J]. 中国科技资源导刊，2013，45（2）：33-36.
[375] 郭铁成. 新兴产业形成规律和政策选择 [J]. 中国科技产业，2010（11）：60-62.
[376] 任伟宏，刘广斌，任福君. 我国科普产业统计指标体系构建初探 [J]. 科普研究，2013（5）：14-20，35.
[377] 刘广斌，李会卓，尹霖. 我国科普产业统计指标体系构建研究 [J]. 科普研究，2015（6）：51-57.
[378] 章军杰. 论科普产业适用文化产业政策的合法性 [C]. 北京：第十九届全国科普理论研讨会暨 2012 亚太地区科技传播国际论坛论文集，2012.
[379] 劳汉生. 我国科普文化产业发展战略框架研究 [J]. 科学学研究，2005，23（2）：213-219.
[380] 任福君，任伟宏，张义忠. 科普产业的界定及统计分类 [J]. 科技导报，2013，31（3）：67-70.
[381] 李黎，孙文彬，汤书昆. 科普产业的功能分析及特征研究 [J]. 科普研究，2012，7（3）：21-29，69.
[382] 科学技术部. 关于科普工作统计中有关事宜的函 [EB/OL]. https：//www. most. gov. cn/zxgz/kxjspj/kptj/200702/t20070201_40904. html.
[383] 刘海静，郝燕平，贺飞. 大数据时代科普统计数据的分析 [J]. 产业与科技论坛，2020，19（3）：92-93.
[384] 中国科普研究所科普产业研究课题组. 中国科普产业发展研究报告（2018）[R]. 中国科普研究所，2018.
[385] 科学技术部. 中国科普统计 2017 年版 [M]. 北京：科学技术文献出版社，2017.
[386] 章梅芳，吴因，牛桂芹，等. 北京市部分科普企业发展现状调查研究 [J]. 科普研究，2019，14（4）：50-57.
[387] 中国科协科普部，百度品牌数据中心，中国科普研究所. 2017 年度中国网民科普需求搜索行为报告 [R]. 2018.
[388] 科学技术部. 中国科普统计（2018 年版）[M]. 北京：科学技术文献出版社，2019.
[389] 张桃. 微信公众号价值评估体系研究 [J]. 视听，2017（3）：101-102.
[390] 王慧. 高技术企业成长系统分析 [D]. 天津：天津大学管理科学与工程，2006.
[391] 2017 年影响中国互联网发展的 10 件大事 [J]. 中国教育网络，2018（2）：11-13.
[392] 工业和信息化部. 2018 年中国泛娱乐产业白皮书 [Z]. 2018.
[393] 刘立. 以新时代科普观为指导大力提升国家科学文化素质 [J]. 科技中国，2019（3）：42-46.
[394] 肖云. 互联网时代下的科普融合创作新模式 [J]. 小康（财智），2017（10）：26-27.

[395] 张加春. 新媒体背景下科普的路径依赖与突破 [J]. 科普研究，2016，11（4）：18-26，44.

[396] 王闰强，肖云，黎文，等. 移动端科普融合创作与传播思考与实践 [C]. 青海：科学艺术传承创新——科学与艺术融合之路，2016.

[397] 陶贤都，周欢. “科普中国” App 微视频的传播特色与发展策略 [J]. 科学教育与博物馆，2020，6（5）：359-364.

[398] 姚宏. 依托区域优势创新推进融合 [J]. 中国报业，2017（9）：28-29.

[399] 李湘章. 构建融媒体立体宣传格局 [J]. 企业文明，2019（2）：101.

[400] 王大鹏. 关于实现科研论文与科学新闻衔接的思考 [J]. 科技传播，2014，6（20）：43-62.

[401] 任雅琳. 探索科普信息化建设路径推动传统科普模式转型 [C]. 重庆：科协改革与科技创新研讨会，2016.

[402] 敖妮花，龚惠玲，何林. 关于科普展览的实践与思考——以中国科学院的实践探索为例 [J]. 科技传播，2018，10（10）：176-178.

[403] 江雷. 大科学时代的科普出版探索——以“中国大科学装置出版工程”为例 [J]. 科技传播，2019，11（21）：155-157.

[404] 于晓航. 新媒体环境下科普微信公众号科学传播策略研究——以北京地区政府类科普微信公众号为例 [D]. 北京：北京化工大学项目管理，2018.

[405] 张帅男. 科普自媒体的主要特征、存在问题及发展建议分析 [J]. 北京印刷学院学报，2020，28（3）：21-25.

[406] 张小微. 论科普图书对公众的教育作用 [J]. 中国科教创新导刊，2013（7）：157.

[407] 李国甫. 我国科普人才短缺原因分析及对策 [J]. 武汉冶金管理干部学院学报，2011（4）：22-25.

[408] 胡吉，鞠思婷，龙艺璇，等. 科学教育工作中院所两级管理存在的问题及解决对策探讨 [J]. 高教学刊，2019（21）：144-147.

[409] 中国科普研究所，中国科普效果研究课题组. 科普效果评估理论和方法 [M]. 北京：社会科学文献出版社，2003.

[410] 王颖. 对话理论视域下的科普类公众号研究——以公众号“科学大院”为例 [D]. 苏州：苏州大学新闻与传播，2020.

[411] 国家电网报. 2017 年中国电机工程学会科普工作会议在京召开 [J]. 农电管理，2017（6）：4.

[412] 本刊编辑部. 电力科普　扶贫扶智——2019 年中国电机工程学会“电力之光”科普下乡暨扶贫攻坚活动走进山西长治 [J]. 农村电气化，2019（6）：1.

[413] 17 位电力科研工作者受聘中国科协首席科学传播专家 [J]. 硅谷，2014（1）：160.

[414] 中国科学技术协会. 中国科协 2021 年度事业发展统计公报 [EB/OL]. https：//www.cast.org.cn/sj/ZGKXNDSYFZTJGB/art/2022/art_f2daa2bc2feb4e51af3553125d0f7f08.html.

[415] 谢泽. 第三届水库大坝公众认知论坛在郑州举行 [J]. 中国三峡，2018（11）：46-49.

[416] 三峡集团中华鲟研究所. 水电开发中的鱼类保护三峡集团持续这样做 [J]. 中国三峡，2019（5）：84-89.

[417] 孙志禹，陈敏，陈永柏. 中国三峡总公司水电开发生态与环境保护理念与实践 [C]. 武汉：中国环境科学学会 2009 年学术年会论文集（第三卷），2009.

[418] 姚元军. 落实“四个一”理念 建设环境友好型水电工程 [J]. 中国三峡, 2012 (11): 89–93.

[419] 邓俊, 谭徐明, 万金红. 工程运行期的文化遗产保护与利用研究——三峡工程博物馆策划 [J]. 中国水利, 2012 (21): 20–23.

[420] 三峡集团中华鲟研究所. 水电开发中的鱼类保护三峡集团持续这样做 [J]. 中国三峡, 2019 (5): 84–89.

[421] 廖小林, 管波, 赵娜. 中华鲟物种保护的努力、挑战与希望 [J]. 科技成果管理与研究, 2019, 14 (11): 74–77.

[422] 谢泽. 护鲟长江大保护的一张绿色名片——三峡集团珍稀特有鱼类保护之路 [J]. 中国三峡, 2018 (4): 56–61.

[423] 朱静霞. 10000 尾“子二代”中华鲟放归长江 [J]. 中国三峡, 2020 (4): 82–87.

[424] 孙志禹, 王殿常. 水电开发条件下自然保护区管理的实践创新——以长江上游珍稀特有鱼类国家级自然保护区为例 [J]. 长江科学院院报, 2020, 37 (11): 1–7.

[425] 袁磊. 保护长江水生生物多样性的“三峡方案”[J]. 中国三峡, 2020 (4): 78–81.

[426] 韦凤年. 铸造大国重器 创建世界精品——访中国长江三峡集团有限公司党组书记、董事长雷鸣山 [J]. 中国水利, 2019 (18): 5–8.

[427] 沙先华. 开发性扶贫和产业化扶贫并重 [J]. 当代电力文化, 2017 (7): 36–37.

[428] 吴豪强, 唐巍, 李欣忆. 决战脱贫攻坚的三峡力量 [J]. 中国三峡, 2020 (9): 36–45.

[429] 高锦涛. 金峰: 大坝与人类社会一样有光明的未来 [J]. 中国三峡, 2020 (2): 76.

[430] 高锦涛. 张云昌: 正确认识水库大坝对自然生态和社会的影响 [J]. 中国三峡, 2020 (2): 75.

[431] 刘萱, 李心愉. 科研团队参与科普的模式与实现路径——国家重点实验室参与科普的案例研究 [J]. 科普研究, 2017, 12 (6): 16–24.

[432] 宋明霞. 长江大保护: 三峡模式初露端倪 [J]. 中国三峡, 2020 (1): 88–95.

[433] 任腾飞, 张灏然. 汇报五年砥砺奋进成果集中展示央企创新力量 [J]. 市场观察, 2017 (9): 48–52.